LE PARFAIT
SAPEUR-POMPIER,

OU

TRAITÉ

des moyens de prévenir, d'attaquer, de combattre
et d'arrêter les Incendies;

ORNÉ D'UN FRONTISPICE ET DE 19 PLANCHES,

Utile aux Sapeurs-Pompiers,
aux Administrateurs, aux Propriétaires, aux Industriels,
aux Cultivateurs, aux Constructeurs,
et généralement à tous les Habitants des villes et des campagnes;

PAR LIMOGE,

1er Lieutenant des Sapeurs-Pompiers

DU BATAILLON D'ILE-AUMONT (AUBE),

Décoré de deux Médailles d'honneur.

TROYES,

ANNER-ANDRÉ, IMPRIMEUR-LIBRAIRE,

PLACE DE L'HÔTEL-DE-VILLE.

1851.

LE PARFAIT
SAPEUR-POMPIER,

OU

TRAITÉ

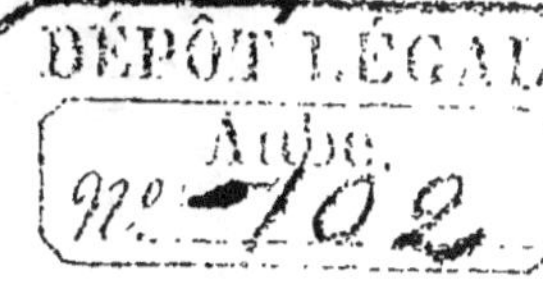

Sur les moyens de prévenir, d'attaquer, de combattre
et d'arrêter les Incendies;

Ouvrage utile aux Sapeurs-Pompiers,
aux Administrateurs, aux Propriétaires, aux Industriels,
aux Cultivateurs, aux Constructeurs,

Et généralement à tous les Habitants des villes et des campagnes;

Par LIMOGE,

Premier Lieutenant des Sapeurs-Pompiers du Bataillon
d'Ile-Aumont (Aube),

Décoré de deux Médailles d'honneur.

TROYES,

A LA LIBRAIRIE D'ANNER-ANDRÉ,

PLACE DE L'HÔTEL-DE-VILLE.

—

1851.

Frontispice.

Lith E. Caffé r. du Temple, Troyes.

28 9bre 1850.

INTRODUCTION.

—

Des hommes spéciaux, très-versés en ces matières, ont traité, depuis long-temps, avec talent, le sujet que j'aborde publiquement aujourd'hui. Je suis venu, seulement, ramasser les épis qu'ils ont laissés dans le champ vaste et fertile où ils ont moissonné. J'ai voulu faire pour nos cités industrielles et laborieuses, pour nos contrées agricoles, ce qu'ils ont fait pour Paris et pour quelques grandes villes. Cependant il faut bien se garder de confondre le travail que je viens offrir à mes concitoyens avec ces compilations froides, inanimées où ne se trouvent que des nomenclatures arides et quelques citations sans raison et sans enchaînement.

C'est un ouvrage de conscience et de patience persévérante.

C'est le fruit d'exactes et laborieuses recherches, d'une expérience acquise par de longs services.

Il appartenait, personne ne le contestera, à un homme pratique, qui a consacré ses veilles de vingt années à pénétrer dans tous les détails d'un ensemble aussi compliqué, d'explorer, avec soin, la carrière à laquelle il s'est voué, dès ses plus jeunes années ; de suivre les faits dont il a été si souvent le témoin actif ; de classer avec soin et méthode les enseignements qu'il a pu tirer des circonstances au milieu desquelles son devoir l'a tant de fois appelé.

Je n'ai rien négligé pour que mon livre, mis à la portée de tous, atteignît le but d'utilité générale que je me suis proposé ; pour qu'il fût le plus complet de tous ceux qui ont paru sur la matière ; pour que chacun pût le consulter avec avantage.

J'ai pris les formes les plus élémentaires, afin que les indications, les instructions, les conseils et les avis qu'il renferme se gravassent facilement et profondément dans la mémoire.

Cet ouvrage se divise en trois parties.

La première traite des *moyens de prévenir les incendies.* C'est l'exposé complet des causes occasionnelles de la plupart de ces événements ; l'indication des mesures de prévoyance et de surveillance à prendre pour éviter les incendies dans les établissements industriels, publics ou privés, les maisons d'habitation soit à la ville, soit à la campagne ; les règles à suivre, les mesures prescrites par l'art et par les autorités pour la bonne construction des bâtiments affectés aux exploitations agricoles, aux usines à feu ; les précautions dont doivent être l'objet les dépôts de récoltes à l'extérieur.

J'ai considéré cette partie que personne n'a encore abordée, comme très-essentielle, et je me suis appliqué à ce qu'elle fût traitée avec toute l'étendue que réclame son importance.

La seconde partie est consacrée à *la Théorie du Sapeur-Pompier, ou l'art d'attaquer, de combattre et d'arrêter les incendies.*

Peut-on supposer que des hommes, appelés à remplir des devoirs aussi difficiles que ceux imposés aux Sapeurs-Pompiers, puissent les exercer convenablement s'ils ne se sont d'abord familiarisés, par de sérieuses études théoriques, aux difficultés de la pratique ?

La connaissance des principes et des règles qui doivent présider à la distribution des secours est indispensable aux Sapeurs-Pompiers, pour que leur intervention soit véritablement efficace ; pour que le zèle, le dévouement et l'intrépidité dont ils se montrent constamment animés s'exercent toujours d'une manière utile ; pour que les dangers auxquels ils s'exposent pour en préserver les autres, ne les atteignent que rarement, ou même jamais s'il se peut. Ils trouveront, je ne crains pas de le dire, un guide utile dans la seconde partie de cet ouvrage, qui contiendra aussi la description et le mode d'emploi des différents appareils de sauvetage avec lesquels on peut soustraire, en un clin-d'œil, les personnes et les choses à l'action du feu.

La troisième partie contient des matières qui, ne rentrant pas dans les cadres spéciaux de la première et de la seconde, en forment cependant le complément obligé.

Le Sapeur-Pompier, ainsi que le garde national, y trouveront tous les éléments propres à leur faire acquérir des connaissances, qui ne doivent pas rester étrangères à des hommes appelés à faire partie de ces corps, et qui sont même indispensables pour la conduite à tenir dans les services de la milice citoyenne, dans les prises d'armes et dans les cérémonies publiques auxquels elle est appelée.

Les Officiers, les Sous-Officiers et les Soldats y puiseront tous d'utiles notions pour leur instruction militaire, ainsi que pour le bon entretien et la conservation de leurs armes et de celles dont le gouvernement leur a confié le dépôt.

Enfin, j'ai signalé à l'attention des administrateurs municipaux, à celle des propriétaires, des constructeurs de bâtiments, ainsi que des habitants de nos cités et de nos communes rurales, des mesures dont l'adoption doit contribuer puissamment à écarter le fléau désastreux qui, dans ces derniers temps surtout, est venu si fréquemment s'abattre sur nos contrées avec son sinistre cortège de douleurs, de ruines et de misères.

Encouragé par la bienveillance de l'autorité supérieure de notre département, j'ai la confiance que mes concitoyens, que tous ceux à qui je m'adresse, apprécieront le sentiment qui me guide, et que, s'il ne m'a pas été donné de surmonter tous les obstacles avec un égal bonheur, du moins on me saura gré d'avoir persévéré jusqu'au bout.

Mon livre, je le comprends, je le sais, laissera beaucoup à désirer ; aussi je recevrai avec reconnaissance les bons avis et les conseils des personnes expérimentées et éclairées ; je les réclame dans l'intérêt général qui est le seul mobile de mes actions. Heureux si je puis un jour, par cette nouvelle preuve de dévouement, acquérir un titre de plus à l'estime et à l'affection de mes concitoyens !

Tel qu'il est, j'espère que, mis entre les mains des jeunes gens et même dans les écoles de nos villages, il pourra, surtout la première partie, fixer leur attention, les intéresser par les récits dont elle est semée, frapper leur imagination impressionnable, leur faire concevoir des craintes

salutaires du feu, avec lequel trop souvent on les laisse imprudemment se jouer.
Bien plus, sujet d'une lecture attentive
dans les réunions de famille, cette première partie ne pourra qu'inspirer aux
jeunes personnes le désir ardent de se
montrer attentives, prudentes à prévenir,
dans leurs maisons, lorsqu'elles en deviendront les conductrices, tous les genres de
malheurs placés ici, a dessein, sous leurs
yeux.

Les deux autres parties, à leur tour,
pourront éveiller le zèle et le courage de
tous les lecteurs et imprimer à leur concours, dans les incendies, une action pro-
fitable au bien public.

Mon livre ne parvint-il qu'à préserver
une seule victime, qu'à prévenir un seul
sinistre, je croirai avoir été largement récompensé de mes longs travaux, et avoir,
dans la limite de mes forces, acquitté ma
dette envers mon pays.

LIMOGE.

On me permettra de mettre ici sous les yeux le document suivant :

Copie de la délibération prise le 28 Novembre 1850, par MM. les membres de la commission nommée par M. le Préfet de l'Aube, pour examiner les moyens de sauvetage présentés par M. Limoge, officier de pompiers, demeurant à Bûchères. (1)

La commission, considérant que les appareils et engins de sauvetage exhibés par M. Limoge, mais qu'il n'a pu faire fonctionner sous les yeux de ses membres, doivent être reproduits et expliqués dans l'ouvrage qu'il se propose de faire imprimer sous le titre du Parfait Sapeur Pompier ;

Que ce livre présentera l'avantage de réunir, dans un cadre plus resserré, les diverses améliorations jusqu'ici introduites dans cet utile service. Que ce Manuel mis à la portée d'un plus grand nombre de personnes, surtout dans les communes rurales, pourra rendre plus faciles l'entretien et les soins si importants que réclame le matériel ;

Est d'avis que l'ouvrage préparé par M. Limoge, et dont il a indiqué et développé les principaux éléments, aura un degré d'utilité qui ne peut être méconnu, et autorise l'auteur de ce manuel à y insérer la présente délibération.

Le Conseiller de Préfecture Secrét.-Gén. de l'Aube,

Signé : GÉRARD-FLEURY.

(1) Cette commission, présidée par M. Gérard-Fleury, était composée de M. de Mesgrigny, membre du Conseil général ; M. Ferrand-Lamotte, maire de la ville de Troyes, membre du Conseil général ; M. Doé, capitaine commandant la compagnie de Sapeurs-Pompiers de Troyes ; M. de Noël de Bûchères, maire de la commune de Bûchères ; M. Lutel-Bourguignat, capitaine commandant la compagnie de Sapeurs-Pompiers de St-Martin-ès-Vignes ; M. Truelle, architecte du département ; M. Le Grand, agent-voyer en chef du département ; M. Givors, arquebusier à Troyes, et M. Michaux, mécanicien.

Désirant cependant prouver la réalité de mes promesses, j'ai sollicité et obtenu la faveur de procéder à la démonstration de ma théorie et à l'exhibition de divers engins de sauvetage tels que :

1° Une échelle de 2 mètres se développant sur une longueur de 12 mètres et avec laquelle on peut atteindre les fenêtres les plus élevées des constructions ordinaires, et parcourir les toits les plus inclinés ;

2° Un sac de sauvetage à l'aide duquel on peut se sauver soi-même et descendre, par les fenêtres, deux ou trois personnes et les objets précieux, fragiles ou autres ;

3° D'une lanterne tenant au fourniment du sapeur-pompier, et qui, remplaçant les flambeaux, lui laisse toute la liberté de ses mouvements ;

4° Un masque d'une extrême simplicité, remplaçant avec avantage les appareils Aldini et Paulin, si embarrassant pour des hommes non exercés, appareils d'ailleurs trop coûteux.

M. le Préfet de l'Aube, dont l'intérêt pour tout ce qui a rapport au bien public est bien connu, assistait avec les autorités et des personnes compétentes, à ces démonstrations.

Déjà honoré et récompensé des marques de distinction accordées par le gouvernement, j'ai trouvé dans les paroles encourageantes des assistants, de MM. les officiers du 14ᵉ de ligne, de M. Haillot, capitaine des sapeurs-pompiers d'Ile-Aumont, de M. Doé capitaine des sapeurs de la la ville, de M. Grillon, colonel, de M. le lieutenant-colonel de la légion de Troyes, et surtout de M. le Préfet de l'Aube, la plus précieuse récompense que je désirais obtenir. Ce magistrat a bien voulu reconnaître que la publication d'un ouvrage qui indiquerait l'usage de mes procédés de sauvetage et ma théorie sur les moyens de combattre les incendies, était appelé à produire des améliorations importantes dans le service des sapeurs-pompiers et dans la direction des secours publics applicables à tous les cas d'incendies.

LE PARFAIT

SAPEUR-POMPIER.

PREMIÈRE PARTIE.

CHAPITRE Iᵉʳ.

Causes générales des incendies. — Causes inconnues.

De tous les fléaux qui affligent l'humanité, le feu, par la fréquence, l'étendue et les résultats de ses ravages, est incontestablement l'un des plus redoutables et celui contre lequel on ne saurait se montrer d'autant plus attentif et prévoyant, qu'une impérieuse, une inévitable nécessité nous oblige à l'entretenir continuellement dans nos demeures pour les besoins les plus ordinaires de l'existence.

L'apparition d'un incendie épouvante :
ses suites réduisent le plus souvent des
familles entières, quelquefois toute une
population, aux plus fâcheuses extrémités
de la misère : la seule pensée des douleurs atroces endurées par ceux qui meu-
rent de ses atteintes, suffit pour inspirer la
crainte et l'effroi.

Aussi n'est-il personne qui ne frémisse
quand la cloche d'alarme, le bruit du
tambour et ces lamentables clameurs :
Au feu ! au feu ! avertissent qu'un *sinistre*
vient de se manifester dans une localité
prochaine ou éloignée. Il n'est personne
alors qui ne s'empresse et ne vole au secours des victimes de ce fléau qui peut le
frapper à son tour.

L'ouvrier qui se repose des fatigues
d'un rude labeur n'hésite pas à s'arracher
aux douceurs du sommeil ; le prêtre quitte
sa prière ; pour lui, secourir, c'est prier
encore ; le savant abandonne ses livres
chéris : une bonne action lui semble préférable à une page, même la plus élo-
quente, et tous deux apportent leur part
de travail et d'efforts ; le vieillard et l'enfant, poussés, l'un par le souvenir des désastres dont il a été le témoin, jadis actif
et peut-être la victime, l'autre par l'exemple de l'aïeul, viennent, et leur faiblesse
réunie ajoute encore à la force de ceux

qui, pleins d'activité, peuvent donner un secours plus utile ; la femme timide elle-même court prêter l'énergie de son courage maternel, animé par cette pensée, qu'une mère est peut-être exposée à l'horrible danger de voir la flamme dévorer ses enfants chéris. Tous, en un mot, concourent avec ardeur à arrêter les progrès d'un *sinistre* qui, bien que circonscrit, heureusement et le plus souvent dans d'étroites limites, est cependant toujours considéré comme une calamité publique.

Est-il nécessaire de rappeler ici les incendies fameux dont nos annales gardent le souvenir, afin que ces tristes récits, tenant en éveil l'attention de tous, le retour de ces événements soit rendu, sinon impossible, au moins plus rare.

J'en indiquerai seulement quelques-uns :

Le 22 décembre 1696, un incendie consume à Troyes l'étuve aux femmes, située au Marché-aux-Trapans.

Le 17 du même mois, en 1727, vingt maisons, aux environs de Saint-Jean, sont détruites par le feu. L'intensité d'un froid excessif paralysa totalement le secours des pompes.

Le 18 mars 1776, c'est par la négligence d'un garçon de théâtre que la salle de la comédie de Troyes est incendiée et met en péril les maisons circonvoisines et tout le quartier.

Le 23 juillet 1188, le lendemain de la Madeleine, pendant la tenue de la foire, dite *chaude*, un terrible incendie consume la moitié de la ville de Troyes et détruit, avec une quantité de magasins et de marchandises, l'église de Saint-Pierre et celle de Saint-Etienne qui, par les gargouilles de ses lémures et de ses gorgones sculptées vomissait, sur le pavé de son parvis, en torrents embrasés, le plomb fondu de sa toiture, qui rendait ainsi impossible les approches de l'édifice aux habitants consternés.

Je parlerai en leur lieu de quelques incendies les plus connus de l'Europe et de la capitale de la France.

Les faits rapportés ci-dessus prouvent suffisamment et surabondamment que de tout temps les incendies ont désolé nos villes, malgré les secours qu'une grande agglomération d'habitants semble rendre plus faciles.

Je crois utile, cependant, de mettre sous les yeux de nos lecteurs un tableau statistique des sinistres qui ont porté le ravage, la ruine et la misère dans le département de l'Aube.

TRIMESTRES.	NOMBRE d'incendies.	MONTANT des pertes.	TOTAUX.
			fr.
1836 (1er	7	39,099 fr.	
2e	9	280,125	
3e	9	119,450	
4e	4	140,678	
	29	579,352 ci..	579,352
1837 (1er	10	48,272	
2e	6	54,536	
3e	7	43,802	
4e	6	11,368	
	29	157,978 ci..	157,978
1838 (1er	6	20,541	
2e	11	65,000	
3e	4	20,065	
4e	9	68,547	
	30	174,153 ci..	174,153
1839 (1er	6	61,696	
2e	6	27,399	
3e	6	59,361	
4e	10	65,952	
	28	214,408 ci..	214,408

Ce qui fait un total de. 1,125,891

Pour cette période de quatre années, ou en moyenne, vingt-neuf incendies et une perte de 281,477 fr. par chaque année.

Nous donnerons à la fin de cette première partie le tableau décennal des sinistres qui ont eu lieu de 1840 à 1850.

Pour ne parler que du seul canton de Bouilly que j'habite, on y compte, depuis 1834 jusqu'en 1850 inclusivement, 31 incendies. Six personnes, deux hommes, une femme et trois enfants y périrent entièrement brûlés.

Indépendamment de ces morts à jamais déplorables, combien y a-t-il eu d'animaux domestiques qui ont aussi péri misérablement, et occasionné par leur perte la gêne ou même la ruine de leurs propriétaires ?

Combien d'infortunés ont été atteints par les flammes, et portent d'affreuses traces, qui leur font fuir la société de leurs semblables, dans la crainte qu'ils éprouvent d'être un objet d'horreur par les mutilations qui les défigurent ? Combien d'enfants, dont les blessures et les infirmités sont un reproche continuel pour leurs mères négligentes ou imprudentes, qui ont eu même à répondre devant les tribunaux correctionnels des désastres dont elles ont été la cause involontaire, sans doute, mais enfin dont elles ont été la cause !

Non jamais l'autorité à laquelle la police locale est attribuée, non jamais les tribunaux ne sauraient appliquer avec trop de sévérité les peines prononcées par les lois contre les délinquants qui occasionnent tant de malheurs.

A plus forte raison ne doit-on pas hésiter à frapper avec toute la rigueur d'une justice inflexible les auteurs d'incendie par malveillance.

Qu'on me permette de représenter qu'avant l'invention des allumettes chimiques, d'un usage si fréquent, et celui de la pipe qui s'est considérablement accru, le feu qui désolait les cités et les villages était beaucoup plus rare qu'aujourd'hui.

Le premier sinistre qui frappa mon imagination d'enfant eut lieu à la Vendue-Mignot, en 1816, et fut occasionné *par le tir d'une arme à feu.* Cet événement s'est d'autant plus profondément gravé dans ma mémoire qu'il se joint aux souvenirs si tristes de l'invasion pendant laquelle, fuyant la maison paternelle, errant dans les bois, je sentais mon jeune cœur se remplir de cette indignation patriotique que ressentira toujours un cœur français contre l'ennemi qui viole, en le foulant, le sol sacré de la patrie.

Le deuxième, fut celui, qui, en août 1823, arriva à la ferme de la Norroy.

Et le troisième, celui qui, en 1826, le 15 août, détruisit plusieurs corps de bâtiments à Saint-Martin-ès-Vignes auprès du Ravelin. Ainsi, dans l'espace de dix ans, j'avais déjà été témoin de trois sinistres ! Cependant, comme je l'ai dit, les causes de ces désastres étaient moins nombreuses, moins imminentes que de nos jours.

Parmi ces causes et au premier rang, je mettrai, sans crainte de voir contester mon assertion, je mettrai l'établissemet et la multiplicité des compagnies d'assurances dont l'utilité pourtant, et je le reconnais, est immense.

Mais à côté de l'avantage est toujours le danger. Après le bon usage on rencontre l'abus.

Autrefois, de rares plaques annonçaient, dans les villes, que quelques propriétaires prévoyants avaient à cœur de se préserver d'une ruine possible. Dans les villages, une maison assurée était un cas extraordinaire : à peine si l'on en comptait deux dans plusieurs communes à la ronde, voire même dans plusieurs cantons.

Aujourd'hui les compagnies d'assurances se sont multipliées, pour ainsi dire à l'infini ; leurs emblèmes divers brillent au-dessus de toutes les portes ; leurs agents, se faisant une concurrence active, sillonnent les campagnes jusque dans les hameaux les plus écartés. Cette concurrence que se font à l'envi les compagnies les rendent quelquefois légères sur le choix de leurs agents qui, pour augmenter leur remise, assurent souvent, sans se bien rendre compte du rapport existant entre la propriété assurée, le montant de l'estimation, l'élévation des primes et la fréquence ou la facilité des risques à courir.

Mais cette matière m'a paru si importante que l'indiquant ici sommairement je me réserve de la traiter plus amplement dans un chapitre spécial.

Une autre cause encore de ruine par l'incendie, et qui n'est pas moins redoutable que toute autre, bien qu'elle excite à peine l'attention du public et ne tient pas assez en éveil la sollicitude des magistrats, c'est l'usage du tabac à fumer qui s'est si généralement accru.

En effet, on voit dans les villes, partout, dans l'intérieur des ménages, dans les ateliers, sur les promenades et les places publiques, dans les villages où le danger est plus grand que partout ailleurs, par la dispersion du bois, du foin, de la paille; on voit, dis-je, des fumeurs, jeunes et vieux, se promener la pipe ou le cigare à la bouche; porter ainsi avec eux une cause incessante et trop souvent certaine de sinistres.

On voit des imprudents sortir de chez eux, des cafés ou des cabarets, la tête échauffée trop souvent par les vapeurs alcooliques et du tabac lui-même, aller et venir sans se soucier du danger, jeter les restes de leurs cigares sur la voie publique, ou vider les cendres brûlantes de leur pipe dans le premier endroit venu, ou bien laissant échapper de leurs pipes, sans couvre-feu, des étincelles que le vent emporte et dépose quelquefois sur des matières qui leur servent d'aliment et où elles n'attendent, pour ainsi dire, qu'un souffle pour causer un vaste incendie.

Les besoins du trésor, les habitudes des populations et la justice même du gouvernement, qui a fait des débits de tabac une récompense des longs services militaires, ont, je le sais, multiplié ces bureaux; mais avec les dangers, la surveillance doit augmenter et s'étendre.

Aussi avons-nous cru devoir, sans prétendre donner de leçons, même d'avis à personne, tout prêt au contraire à en recevoir, avons-nous cru utile, indispensable, d'indiquer, en son lieu, les mesures à prendre dans ce cas.

Ce qui peut atténuer la douleur de ces événements, c'est que partout où ils se manifestent, on voit accourir, avec un inaltérable dévouement, pompiers et habitants.

A Bouilly, le 21 Juillet 1846, vingt-une maisons ont été la proie des flammes. Outre les habitants de la localité, on voyait parmi eux et comme eux, rivalisant de zèle et d'intrépide dévouement, ceux des communes voisines accourûs avec leurs pompes : Souligny, Laines-aux-Bois, Lépine, Saint-Germain, Saint-Pouange, Villery, Javernant, Moussey, Messon, Saint-Jean-de-Bonneval, Saint-Léger, Bercenay, Crésantignes, Vauchassis, Lirey, Villy, Savoie, etc., etc., avaient fourni leur contingent.

Tant d'efforts réunis ne purent réussir qu'à préserver les maisons voisines.

S'il est certain que dans un grand nombre de ces divers cas, les causes des incendies sont dues à l'imprudence des habitants des lieux où ils se manifestent, plus souvent encore à l'incurie, à la négligence apportée à s'environner des précautions les plus simples ; il n'est pas moins certain aussi qu'une administration paternelle doit veiller sur les imprudents, exciter la vigilance des apathiques, afin de préserver la population entière des malheurs que lui préparent, sans y songer, les premiers et plus souvent encore les seconds.

CHAPITRE II.

Soins à apporter dans les constructions. — Réglementation.

Dans nos contrées, où l'absence totale de la pierre, où son prix trop élevé multiplie les constructions en bois, il est bien certain que la mauvaise construction des âtres, des cheminées, des foyers, des fours, des fourneaux, etc., est, une cause fréquente d'incendie. L'état de dégradation, dont une économie mal entendue fait indéfiniment retarder ou même négliger totalement la réparation, vient encore ajouter un danger à ceux qui proviennent de l'ignorance, de l'incurie des propriétaires ou des constructeurs.

C'est donc aux architectes qu'il appartient de prémunir les cités contre les ravages du feu, en dressant des devis où la bonne construction de toute espèce de foyers et de cheminées soit prescrite d'une manière absolue, en termes clairs, nets et précis, ne présentant aucune ambiguité dans les termes, ne laissant aucun prétexte à la mauvaise foi, aucune excuse à l'erreur.

C'est aux architectes à surveiller l'exécution de leurs plans et des prescriptions de leurs devis, sans jamais sacrifier l'utilité publique, ni même celle des particuliers qui leur ont confié leurs travaux aux faux calculs d'une parcimonie désastreuse par les suites qu'elle entraîne, et dont on peut d'ailleurs faire porter les effets sur d'autres parties moins importantes.

Quant à l'autorité locale, le zèle de ceux qui en sont les dépositaires est un garant que toutes les fois que des constructions nouvelles s'élèveront dans une ville ou dans une commune rurale, ils s'enquerront des mesures prises par les constructeurs ; que quand des réparations devenues nécessaires mettront à nu les vices de ces constructions, ils veilleront à ce que ces défectuosités disparaissent pour faire place à des ouvrages conformes aux règles de l'art, et préservatrices de tous sinistres postérieurs.

M'éclairant des anciennes lois et ordonnances, notamment de la *Coutume de Troyes*, qui dispose, article 64 : « On ne peult faire en son héritage, contre le four, ou mur de son voisin, s'il n'y a pied et demi d'épaisseur entre deux, et pareillement on ne peult faire chambres aysées contre son voisin, s'il n'y a pied et demi d'épaisseur. » « Cela s'entend d'un mur, non d'un espace vide entre le four et le mur, car un vide n'est pas une épaisseur. »

La coutume de Sens dit : « S'il n'y a

distance ou muraille d'un pied et demi d'épaisseur. »

Celle du Nivernais dit : « Demy pied d'espaisseur et intervalle, et doict être ledict mur d'un demy pied d'espaisseur, pour éviter le danger du feu. »

De la loi du 28 février 1800 (28 pluviôse an VIII), concernant l'administration municipale et portant, art. 13 :

« Le maire et les adjoints rempliront les fonctions administratives relativement à la police. »

M'inspirant des judicieuses considérations consignées dans le remarquable rapport du conseil de salubrité établi près du conseil municipal de Troyes, et des sages prescriptions contenues aux règlements de police sur les mesures propres à prévenir et à combattre les incendies ; m'appuyant sur tous ces documents, je rappellerai que :

Toute personne qui voudra faire construire des âtres ou des cheminées contre un mur mitoyen, est tenue de faire en pierre ou en brique un contre-mur de 17 centimètres d'épaisseur. Dans tout autre cas, cette épaisseur devra être de 44 centimètres au rez-de-chaussée.

Les cheminées contiguës aux bâtiments voisins ; celles qui n'en sont éloignées que de 2 mètres doivent être élevées de 98 centimètres au moins, afin que le feu qui pourrait s'y allumer, ne puisse, en s'étendant, se communiquer en sortant du tuyau. Toute cheminée doit toujours être d'une hauteur de 65 centimètres, au-dessus du faîte de toit du bâtiment où elle est établie, ainsi que des bâtiments dont elle est entourée.

Quant aux murs des fours, des forges ou des fourneaux, ils doivent être construits à la distance de 17 centimètres de tout mur mitoyen. Cette distance doit être de 33 centimètres de toute cloison ou de tout pan de bois.

Indépendamment des cheminées de première construction, et dont l'établissement a dû être l'objet de l'attention des hommes de l'art et de la surveillance de la police municipale, il arrive que des propriétaires ou des locataires font à l'intérieur de leurs habitations des dispositions spéciales pour la commodité, l'élégance des appareils à chauffer, dispositions conciliées avec l'économie de la construction et du combustible. Ces détails ne doivent pas échapper à la vigilance d'une administration zélée. Aussi ont-ils donné lieu, de la part de la mairie de Troyes, à de sages mesures dont l'application ne saurait être trop recommandée, et peut avoir lieu partout où elles ne sont pas encore faites.

Ainsi, les cheminées à la Prussienne, à la Rumfort et les autres appareils équivalents, qui, d'habitude, se placent dans le foyer des cheminées ordinaires, dans des niches en pierres ou en briques, doivent toujours être posés sur une pierre d'une épaisseur de 17 centimètres et à une distance au moins égale des murs environnants. Ces murs doivent être eux-mêmes d'une épaisseur de 33 centimètres entre toutes cloisons et tous pans de bois.

Ces sortes de cheminées ou autres calorifères ne doivent jamais être placés dans les chambres sans cheminées ordinaires, à moins qu'ils ne soient agencés de manière à ce que leurs tuyaux ne passent dans un conduit en briques posées à plat.

Les briques sur champ éclatent facilement par suite de l'intensité de la chaleur, et leurs fissures donnent lieu à des amas de suie, qui, en se concrétionnant, deviennent assurément des causes d'incendie.

Un autre inconvénient non moins gravement dangereux, c'est que l'enduit extérieur de ces briques présente une solidité trop peu résistante contre la double action de la chaleur à l'intérieur, du froid et des intempéries à l'extérieur. Cet enduit tombe bientôt, et laissant à découvert les joints ou les fentes des briques, en fait autant de ventilateurs avivant les étincelles qui s'attachent à la suie, et sont ainsi une cause réelle de grands dangers et de sinistres désastreux.

Les tuyaux de ces appareils de chauffage de toute autre espèce qui, par la disposition intérieure des lieux, ne pourront être introduits dans le conduit des cheminées ordinaires, et devront être, pour cette raison, dirigés à l'extérieur des bâtiments; et, dans l'endroit de leur sortie, être toujours environnés d'une maçonnerie de 18 centimètres d'épaisseur dans la partie la plus proche du foyer, et de 17 centimètres dans la partie la plus éloignée.

Les poëles en fer, en fonte, en faïence, doivent être soumis aux mêmes mesures de précaution.

Partout, dans nos villages, où il devient nécessaire de faire passer ainsi des tuyaux à l'extérieur, ils sont placés sans précaution à travers les pans de bois; leur orifice extérieur se trouve très-souvent si près des toitures de chaume que les étincelles toutes vives à cause du peu de hauteur des habitations et des tuyaux peuvent, à chaque instant, causer de funestes accidents, quelquefois les plus grands malheurs.

Les étincelles qui sortent par ces tuyaux peuvent être portées si loin par les courants d'air que j'ai eu, moi-même, une casquette brûlée par les flammèches qui sortaient du tuyau d'une cheminée à la Prussienne placée chez M. D..... à M....., dont l'orifice était trop bas placé, et bien que je me trouvasse à une distance de plus de 20 mètres.

Si les dispositions intérieures des logements contraignent les habitants à faire passer des tuyaux par une croisée, ils ne pourront le faire que par un carreau en tôle dont les dimensions établiront une distance suffisante entre les tuyaux et les bois de la croisée.

Si les tuyaux sont dirigés du rez-de-chaussée sur la voie publique ou dans une cour, l'orifice de sortie de la fumée devra être élevé de 5 mètres 85 centimètres au moins, et surmonté d'un T.

Les tuyaux traversant de bas en haut les planchers des bâtiments devront, dans les endroits boisés, être environnés d'une maçonnerie de 18 centimètres d'épaisseur, et de manière, encore, à ce que les tuyaux soient isolés, dans leur pourtour, de 2 centimètres au moins de cette maçonnerie.

Tous les tuyaux s'élevant au-dessus des toits devront toujours être surmontés d'un T ou d'une gueule de loup mobile.

Il est donc d'une extrême importance que, dans la construction des cheminées

neuves, et dans la réparation des vieilles,
MM. les architectes, entrepreneurs, maçons, charpentiers, ainsi que les propriétaires n'oublient jamais :

1° De n'employer aucuns manteaux,
fentons ni chevilles de bois ;

2° De faire, des enchevêtrures au-dessous des âtres et des foyers, de quelque
grandeur que soient les cheminées et en
dehors des jambettes ;

3° De disposer les foyers et les conduits
de manière qu'ayant de 25 à 30 centimètres le ramoneur puisse entrer dans la
cheminée pour la nettoyer ;

4° De remplir et de recouvrir de plâtre,
de pierre ou de briques, jusqu'à la hauteur des solives et au niveau des planchers,
l'intervalle d'entre le dossier et le chevêtre,
et de faire supporter ce recouvrement par
des barres de fer adaptées, en nombre suffisant, tant au chevêtre qu'au mur du dossier ;

5° D'établir les jambettes des cheminées dans œuvre du retour de l'enche-
vêtrure ;

6° De laisser aux tuyaux des cheminées
environ 60 centimètres d'ouverture ou de
longueur dans œuvre, et 24 centimètres
de largeur aussi dans œuvre ; comme aussi
de donner aux languettes maçonnées avec
plâtre environ 10 centimètres d'épaisseur

dans toute leur élévation ; et à celles faites
en pierre de taille, de craie, mortier de
terre et de sable, ou de chaux, ou celles
en briques depuis 16 centimètres jusqu'à
18 centimètres d'épaisseur.

CHAPITRE III.

Mesures de surveillance.

Il ne suffit pas que les prescriptions de
l'art, celles de l'autorité locale, ni les conseils de la prudence relatés dans le chapitre précédent soient connus ; il est convenable que l'exécution en soit assurée et
complète.

A cet effet, le propriétaire et l'entrepreneur de la construction, le maître maçon qui bâtira les cheminées sont obligés,
lorsqu'elles sont encore à nu et avant de
les couvrir, d'avertir le maire, l'agent-
voyer, ou le commissaire de police, suivant la localité, pour que la visite en soit
faite et qu'il puisse être constaté qu'il
existe ou n'existe pas de contravention aux
règlements.

Faute de faire cette déclaration, le propriétaire, l'entrepreneur et le maçon s'exposent à être traduits devant le tribunal

compétent et à être condamnés solidairement.

Les autorités municipales peuvent et doivent prescrire qu'avant toute construction de bâtiment les propriétaires, ou entrepreneurs soient tenus de leur en soumettre les plans, afin qu'il soit vérifié et constaté si cette construction n'est pas de nature à compromettre la sécurité publique.

Les contrevenants aux règlements municipaux sur cette matière, sont traduits devant les tribunaux de police municipale et peuvent être condamnés à une amende depuis un franc jusqu'à cinq; en outre, selon les termes de l'article 471 du code pénal, ils peuvent être contraints à la démolition, ou à la réparation des constructions faites en contravention. (Arrêt de cassation du 29 décembre 1820.)

Le propriétaire est responsable de tous dommages causés par la ruine de son bâtiment lorsque les dommages sont le résultat du défaut d'entretien ou de vices de constructions. (Code civil, article 1386. Code pénal, article 479.)

Mais l'autorité doit être prévoyante en exerçant la plus grande, la plus sévère surveillance dans cette partie du service public.

Ainsi, dans les communes rurales qui

sont toutes, on peut le dire, privées d'architectes, chacun conduit et surveille lui-même les constructions qu'il fait établir, ou les réparations de ses bâtiments. Ces travaux s'opèrent à la guise de chacun, sans contrôle officiel : aussi les constructions disgracieuses ou même les plus défectueuses offensent-elles la vue, et surtout ajoutent aux chances des sinistres.

Les maires de chaque commune devront, autant que possible, se faire assister d'un maçon, d'un charpentier, ou de tout autre ouvrier connaissant la construction, afin de vérifier, avec lui, les constructions avant leur crépissement, et remédier aux malfaçons qui pourraient compromettre la sécurité publique ou particulière, en offrant au feu des moyens plus ou moins faciles, d'ascension et de propagation.

Je reviendrai sur cette importante recommandation au chapitre consacré à la visite des fours et cheminées.

Après les mesures prises pour assurer la bonne construction des foyers de toute espèce, se placent naturellement celles qui concernent leur entretien. Ainsi, tous les habitants d'une commune, soit urbaine, soit rurale, propriétaires ou locataires, doivent entretenir en bon état de construction, de réparation et de propreté, les cheminées de leurs maisons, ou de leurs appartements, ainsi que les foyers des ouvroirs, les fours et les fourneaux dont ils font usage.

De plus, pour mettre obstacle à la prompte communication du feu, on doit faire couvrir d'un lattis et d'un bon crépis de plâtre l'intérieur et l'extérieur des pans de bois des maisons.

Au nombre des incendies fréquents qui désolent nos contrées et dont la cause reste inconnue et jette l'effroi, combien pourrait-on justement en attribuer à l'oubli de ces prescriptions si sages, dictées autant par l'intérêt public ou privé, que par la sollicitude des magistrats et de leurs agents préposés à la sauvegarde de tous?

Chaque jour les journaux n'enregistrent-ils pas dans leurs colonnes, comme autant de salutaires et trop souvent inutiles avis, les sinistres qui, en ruinant un plus grand nombre de familles, rendent plus inefficaces les secours que leur malheur porte chacun à verser dans leur sein?

Il est que trop vrai que, pendant le cours de l'année 1846, si désastreuse, un trop grand nombre de ces incendies ont été allumés par des mains et dans des intentions coupables. Les tribunaux ont eu à prononcer des sentences contre quelques-uns de ceux qui promenaient ainsi de village en village la ruine et l'effroi : mais il est certain aussi que bon nombre de ces sinistres ont eu des causes restées ignorées, et il serait possible de leur en assigner une dans l'imprévoyance des propriétaires, ou des constructeurs trop facilement oublieux des précautions à prendre, trop peu soucieux de s'astreindre à une réglementation, à des prescriptions, et s'exposant par là à des regrets cuisants, ou à se livrer à des soupçons d'où peuvent naître plus tard des divisions et des haines mortelles, autre fléau qui ne fait qu'ajouter aux chagrins, et peuvent devenir à leur tour une nouvelle cause de ruines et de malheurs en mettant aux mains de la vengeance la torche incendiaire.

CHAPITRE IV.

Précautions intérieures. — Vieillards et enfants.

L'application des règles de l'architecture, le talent des architectes, la prudence de ceux qui font construire, et la vigilance de l'autorité pour faire exécuter ses réglements, préviendront très-certainement bien des malheurs; mais la bonne construction ne doit pas donner une sécurité telle, qu'on néglige de prendre chez soi les mesures même les plus minutieuses pour se garantir des désastres que le feu occasionne si souvent.

On ne saurait donc prendre trop de précautions : combien de personnes s'absentent de chez elles laissant du feu dans leurs foyers, sans s'assurer que rien ne pourra déterminer l'éboulement des tisons et la dispersion de la braise sur le plancher, et jusque près des matières combustibles qui peuvent se trouver autour de la cheminée. Un garde-feu de la largeur de l'ouverture de la cheminée et d'une hauteur suffisante, 15 centimètres au moins, est un meuble indispensable qui peut prévenir beaucoup d'accidents. Exemple, chez M. R... et B... et chez M. C... de la commune de Bûchères, où il y a eu un commencement d'incendie déterminé par cette cause.

Il n'est pas moins important d'éloigner du foyer le bois, le charbon, les mottes ou autres matières combustibles destinées à l'alimentation du feu, et de n'en pas faire des amas trop rapprochés, et auxquels le feu peut se communiquer inopinément.

Une cause fréquente d'affreux malheurs, c'est la facilité avec laquelle des parents quittent leurs demeures et prolongent quelquefois leur absence, en laissant dans leurs chambres, autour de leurs cheminées ou de leurs poêles pleins de feu, de jeunes enfants seuls ou des vieillards impotents.

Cette négligence, cet abandon est coupable, sous le rapport même de la morale autant que sous celui de la prudence, puisqu'il expose à des douleurs cruelles, à une mort affreuse, des êtres chéris, sur lesquels c'est un devoir impérieux de veiller avec une tendre sollicitude.

Le 1er janvier 1849, les débris du cadavre de la veuve Rodigue, âgée de 78 ans, ont été trouvés au coin de son feu, et dans un état complet de carbonisation.

Le feu a pris à ses jupons au moyen d'une *chaufferette*, dont se servait cette malheureuse femme, sujette, dit-on, à des faiblesses fréquentes, et qui est devenue la victime de l'abandon auquel on la laissait livrée.

On n'a retrouvé qu'une partie de son cœur et une de ses jambes. Le dossier de sa chaise échappa seul à l'atteinte dévorante du feu.

Quel exemple et quelle fin !

Mais ces terribles leçons, trop souvent répétées, sont trop souvent aussi inutiles.

Quelques jours après, dans la commune de Villehardouin, le feu prit aux vêtements d'une petite fille âgée de trois ans, et *laissée seule* à la maison. Des voisins accourus aux cris de cette petite fille n'ont apporté que des secours inutiles, et l'innocente victime expirait, deux heures après, dans d'inexprimables tortures.

Dans les premiers jours du mois de mars de cette même année, une habitante de la commune de Lentilles, ayant eu besoin d'aller chez une voisine, laissa dans sa chambre un petit enfant de dix-huit mois. Cet enfant s'approcha du foyer, et il avait le corps déjà tout enveloppé de flammes lorsque la mère rentra. Malgré son effroi, elle a heureusement pu lui sauver la vie.

Mais, outre que son enfant sera estropié ou défiguré, cette mère a eu la douleur d'aller répondre de son imprudence devant le tribunal d'Arcis.

A Saint-Martin-ès-Vignes, Madame G...

sortit de chez elle, laissant dans sa chambre deux enfants en bas-âge. En rentrant, elle trouva le plus jeune asphyxié et ayant déjà la moitié du corps brûlé. Le feu avait pris aux vêtements de cette pauvre petite créature, âgée d'un an à peine!

Une autre mère, habitante de la commune de Balignicourt, ayant aussi laissé seul, dans une chambre, un enfant qui aurait dû être l'objet de sa constante surveillance, l'a trouvé mort à son retour. Cet enfant avait eu la tête, les bras et la poitrine totalement brûlés et carbonisés.

Les enfants H..., de Mesnil-Sellières, livrés à eux-mêmes dans le domicile de leurs parents, se sont amusés à porter du feu sous le lit dont la paillasse s'est soudainement enflammée. A l'instant la chambre s'est remplie de flammes et de fumée. La mère, accourue aux cris des malheureux, a pu, par bonheur, préserver d'une mort cruelle ses enfants qui ont failli être les victimes de leur inexpérience et de l'imprudence de leurs parents.

Le 17 septembre 1849, le nommé Pluot sort de chez lui dès le matin pour vaquer à ses travaux habituels, laissant à son domicile sa femme âgée de 79 ans.

Le soir en rentrant, quel triste et douloureux spectacle se présente à ses regards épouvantés! il trouve sa femme étendue sans mouvement, le corps à moitié réduit en charbon.

Le feu contenu dans *un couvet* s'était communiqué aux vêtements de cette pauvre femme, qui est morte sans secours et au milieu des plus atroces douleurs.

Il semblerait que la tendresse inquiète des mères dût suffire pour prévenir les enfants de ces horribles catastrophes, et cependant elles se renouvellent pour ainsi dire chaque jour.

Voici encore des malheurs causés par une de ces imprudences inexplicables. Bien des fois, mais en vain, les journaux ont signalé les dangers de laisser les enfants seuls dans les maisons où il y a du feu, ou de les laisser jouer autour du foyer. Trop souvent une cruelle expérience est venue justifier ces appréhensions.

A Saint-Mards, en rentrant chez elle, une femme relevait morte une enfant de deux à trois ans, qui était tombée dans le feu.

Plus récemment encore, la femme du sieur R...., manouvrier à Cunfin, s'absente de chez elle, laissant seules deux petites filles, dont la plus âgée comptait à peine quatre ans. Pendant la courte absence de la mère, la plus jeune de ces enfants tombe dans le feu, et quand la mère rentre, aux cris d'effroi de l'autre petite, elle ne releva pour ainsi dire que le cadavre d'un enfant mort dans les angoisses d'un horrible supplice; car, malgré les soins les plus empressés, l'enfant a succombé quelques instants après.

N'est-il pas à regretter qu'une si persistante négligence envers les vieillards, qu'une si coupable incurie de la part des mères, à l'égard de leurs enfants, n'appelle pas enfin la sérieuse attention du législateur?

Tant d'accidents et de morts tragiques, dont je pourrais ici multiplier à l'infini les exemples et les horribles détails, sont dus à l'insouciance incompréhensible des parents qui, malgré les avertissements quotidiens de la presse, continuent de livrer leurs vieillards infirmes et leurs enfants à l'abandon; il serait bien temps d'adopter quelques mesures de sécurité publique autant que d'humanité. Je citerai encore quelques nouvelles catastrophes bien déplorables :

La commune de Saint-Remy-sur-Avre, département d'Eure-et-Loire, a été, il y a peu de temps, le théâtre d'un affreux événement.

Pendant que le sieur Neveu était à travailler dans la fabrique de M. Wadington, où il est employé comme ouvrier tisserand, sa femme, restée seule au domicile commun, s'occupait des soins du ménage.

A quatre heures de relevée, la dame Neveu ayant eu besoin d'aller à son jardin, qui se trouve éloigné du logis d'environ 300 mètres, commit l'imprudence de laisser seules deux petites filles, âgées, l'une de deux et l'autre de trois ans. Celles-ci s'étant bientôt mises à jouer avec le feu, que leur mère s'était contentée d'enterrer sous la cendre, leurs vêtements s'enflammèrent, et quand la dame Neveu revint, vers quatre heures et demie, un horrible spectacle se présenta devant elle.

La plus jeune de ses enfants n'était déjà plus qu'un cadavre défiguré : quant à l'autre, en proie à des souffrances qui lui arrachaient des cris déchirants, elle avait encore la force de se tenir debout, appuyée contre l'armoire ; mais elle avait aux bras, au ventre et à la tête, des brûlures tellement profondes, qu'en vain sa famille et un médecin s'empressèrent de lui donner des secours. Une heure plus tard, cette triste et innocente victime rendait le dernier soupir.

A Joinville, un jeune artisan et sa femme, obligés de s'absenter pour des travaux de leur état, abandonnèrent leur enfant unique, âgé de deux ans à peine, à la garde de la grand'mère, déjà infirme et sur l'âge. Un feu clair de minces branchages pétillait dans l'âtre : l'enfant s'en approchait à chaque instant, pour faire tournoyer des rubans enflammés.

Par une malheureuse coïncidence, la grand'mère quitta cet enfant pour entrer dans une maison voisine, chercher quelques légumes nécessaires à son frugal repas : elle revint au bout de dix minutes, et le premier objet qu'elle retrouve, c'est le corps du malheureux enfant, étendu par terre, à quelques pas du foyer, déjà sans vie et couvert d'horribles brûlures. Le premier mouvement de cette malheureuse femme fut de verser sur l'enfant toute l'eau qu'elle put trouver sous sa main ; mais quand elle s'aperçut que tous ses soins étaient inutiles, et que le froid de la mort avait succédé aux palpitations d'une affreuse agonie, égarée, hors d'elle-même, ne pouvant supporter l'idée du désespoir qu'elle a causé à son fils, elle s'enfuit, en courant, comme une insensée. Le soir, le père apprit à la fois l'horrible mort de son enfant et la disparition de sa mère. Il ne la retrouva qu'après quelques jours, dans une ferme où elle s'était réfugiée.

L'état de la raison de cette infortunée donna de graves inquiétudes. Dans son délire, elle ne cessait de s'écrier... Pierre, je brûle, je brûle comme ton enfant.

A Bagneux-la-Fosse, la nommée ***, âgée de 62 ans, et n'ayant pas l'entier usage de ses facultés mentales, fut trouvée asphyxiée et à demi brûlée, dans le local qu'elle habitait avec son mari, et où elle avait été laissée seule auprès d'un feu allumé.

Ces terribles exemples, pris au hasard entre mille, suffiront-ils pour qu'à l'avenir on évite de pareils malheurs, en environnant les foyers, âtres, ou poêles d'une grille qui en interdise l'approche aux enfants ; mais, mieux encore, en n'abandonnant jamais à eux-mêmes ni les enfants trop inexpérimentés pour craindre le danger, ni les vieillards souvent faibles ou trop infirmes pour le fuir ?

Comme les mesures de prudence ne sauraient être trop multipliées et trop recommandées, j'ajouterai qu'il ne faut jamais non plus, quand on quitte un appartement où il reste de la lumière ou du feu, y laisser des chiens ou des chats.

La présence de ces animaux dans les lieux où il y a du feu même recouvert ou de la lumière, peut devenir la cause de grands malheurs, par l'habitude qu'ils ont trop souvent de sauter sur les meubles d'où ils peuvent faire tomber les flambeaux ou les lampes, par l'habitude qu'ils ont presque tous de s'approcher des foyers, de s'y tapir en quelque sorte, et d'aller ensuite se poser sur ou dessous les

3*

meubles, tables, armoires ou lits, qu'ils peuvent brûler en y traînant avec eux du feu, qui s'attache aisément à leur fourrure, s'y maintient pendant quelque temps sans qu'ils en soient incommodés.

Aucune recommandation ne saurait me paraître inutile en matière si grave.

CHAPITRE V.

Luminaires.

Quels que soient les appareils qui servent à l'éclairage, les divers moyens employés à l'intérieur des maisons pour se procurer de la lumière, deviennent des causes fréquentes d'incendies, aussi bien que les divers modes d'accension ou de transport du feu. Bien des conseils pourraient être utilement donnés sur cet objet qui mérite une attention toute particulière.

Je dirai ailleurs qu'il ne faut jamais entrer avec de la lumière dans les lieux servant de dépôt à des matières combustibles.

Mais là ne se bornent pas, à beaucoup près, les précautions avec lesquelles on doit faire usage des différents moyens d'éclairage dans les bâtiments d'habitation et d'exploitation. Dans l'intérieur des appartements qu'on habite soit à la ville, soit à la campagne, on peut s'incendier soit avec le gaz, soit avec l'huile, soit avec la bougie, soit avec la chandelle dont l'usage est si universellement répandu.

L'éclairage par le gaz a, sur tous les autres modes d'éclairer, une incontestable supériorité. Il offre au consommateur une lumière plus belle, plus abondante; et ce qui est de la plus haute importance, plus économique et débarrassée dés inconvénients de la fumée et de la malpropreté.

Il est un point sur lequel je ne saurais trop attirer l'attention ; c'est que cette lumière présente moins de chances à l'incendie que toutes les autres. D'abord elle n'est point susceptible d'être transportée d'un lieu à un autre et n'exige pas l'emploi des mèches, dont les parcelles enflammées tombent sur le parquet ou autre lieu, où elles peuvent trouver un aliment au feu, et sont la cause de fréquents sinistres.

Il y a quelques années à peine, qu'une belle filature appartenant à M. Mourgue, et située à Rouval-les-Doullens (Somme), a été détruite par un incendie causé par un lumignon tombé d'un bec de quinquet sur du coton cardé. M. Mourgue a lui-même reconnu que ce malheur ne serait point arrivé, si la filature eût été éclairée au gaz, qui n'offre effectivement aucune chance de désastre de ce côté.

Combien d'accidents semblables ne serait-il donc pas possible d'éviter ? Cependant, malgré ces avantages, le gaz a trouvé de nombreux détracteurs ; les uns se plaignent de l'atteinte portée par le gaz à leur industrie privée, en le substituant aux matières qu'ils vendent ; les autres, et les plus nombreux, les plus acharnés peut-être, parce qu'ils sont les ennemis-nés, pour ainsi dire, de tout ce qui s'éloigne de la routine, de tout ce qui est du progrès.

Un grand nombre de personnes gardent, pendant la nuit, du feu à peine recouvert de cendres, dans des chaufferettes ou des couvets pour allumer le lendemain plus facilement leurs foyers ou pour se procurer de la lumière ; ces moyens, pris avec les précautions convenables, sont alors sans danger. Mais bien souvent ces chaufferettes ou ces couvets sont placés avec négligence, soit sous un meuble, soit de manière à être exposés à un courant d'air, en sont avivés et peuvent laisser jaillir des étincelles qui, en contact avec la paille d'une chaise ou toute autre matière combustible, communiquent aux corps environnants un feu qui couve lentement et finit par se manifester d'une manière effrayante, quelquefois même avec assez d'intensité pour résister long-temps aux efforts tentés pour le comprimer.

Les briquets à silex, les briquets phosphoriques, les allumettes chimiques trop facilement et presque toujours laissés à la portée des enfants qui s'en servent comme de jouets, donnent souvent lieu à d'immenses désastres. Les allumettes en brosses devraient être interdites de la manière la plus absolue.

L'usage du gaz, depuis long-temps expérimenté, est environné par la perfection des appareils et les leçons d'une expérience chèrement achetée de garanties rassurantes contre les explosions et les incendies ; mais les personnes qui sont éclairées par ce moyen ne doivent pas oublier de s'assurer, par une exacte surveillance, des conduits qui leur amènent le gaz, et des appareils destinés à en faciliter l'emploi, afin de remédier aux fuites dont, au reste, on est averti par l'odeur qui se répand dans les endroits où elles se manifestent.

Cependant, pour prémunir mes concitoyens contre les accidents graves qui peuvent résulter des fuites de gaz par les tuyaux et les bois, je recommanderai, dès qu'une fuite de gaz se révèle par l'odeur qu'elle répand, d'en rechercher la cause avec des précautions et des soins minutieux, en évitant toutefois d'en approcher de la lumière, car les explosions sont souvent mortelles, et presque toujours elles déterminent l'incendie.

J'en citerai deux exemples :

Un événement bien fâcheux est arrivé à Bourges, à l'occasion d'une fuite de gaz.

Le soir, une dame Séné était chez elle avec plusieurs personnes de son voisinage qui, sans lui en faire part, crurent remarquer une odeur peu agréable : ces personnes la quittèrent à neuf heures et demie du soir. Lorsqu'elles furent parties, la servante de Mme Séné lui parla de l'odeur répandue dans l'appartement, et l'engagea à n'y pas coucher ; cette dame qui d'ordinaire prenait mille précautions, dans la crainte qu'il ne lui arrivât quelques accidents, pensa qu'il suffisait d'arroser, pour ainsi dire, son appartement d'eau de Cologne, et se coucha.

Le lendemain, la servante ne voyant pas sa maîtresse se lever à l'heure ordinaire, s'inquiéta, et après quelques moments d'attente, finit par aller chercher M. Oudoul, qui vint et trouva Mme Séné agonisante, et l'appartement rempli d'une odeur suffocante de gaz.

Il donna les premiers soins à la malade et appela des médecins. Ceux-ci attribuèrent l'état de Mme Séné à une congestion cérébrale, d'autant que les appartements ayant été ouverts, l'odeur ne se faisait plus que faiblement sentir.

Cependant, pour s'assurer si le gaz avait en effet produit la maladie de cette dame, quelqu'un propose d'approcher une allumette de l'endroit où l'odeur se faisait plus particulièrement sentir.

Cette imprudente expérience détermina une explosion qui souleva le parquet et la pierre du foyer; quelques minutes après eut lieu une seconde explosion avec flammes assez élevées, enfin un peu plus tard une troisième.

Tout ceci, comme on le pense bien, effraya tout le quartier.

M. le commissaire de police en chef s'étant rendu sur les lieux, on fit découvrir le tuyau qui conduit le gaz, et l'on s'aperçut qu'en effet ce tuyau était endommagé par on ne sait quelle cause.

Pendant la nuit du 21 avril 1843, une explosion eut lieu à Troyes, au café connu sous le nom de Café Roy et tenu ensuite par M. Cantel, place du Marché-à-Blé. M. Roy faisait substituer le gaz courant au gaz portatif qui, depuis long-temps, éclairait sa maison. On avait, ce jour-là, commencé de déplacer le gazomètre précédemment établi dans la cave. Le soir quelqu'un eut l'imprudence d'y pénétrer avec de la lumière. Les travaux déjà commencés avaient occasionné une certaine déperdition de gaz qui s'enflamma tout-à-coup au contact de la lumière, et causa une secousse tellement violente, que le billard, meuble d'un poids énorme, qui se trouvait dans la salle, fut soulevé et déplacé. Les vitres de la devanture furent brisées, ainsi que les bouteilles et les verres qui se trouvaient sur les tables.

Lorsqu'une fuite de gaz est reconnue, il faut avoir soin de lui ouvrir une issue pour le faire écouler.

Quant aux quinquets ordinaires qui obligent à se servir d'huile, il ne s'agit que de les placer de manière à ce que leur flamme soit assez éloignée des plafonds ou parois de bois pour que leur action ne cause aucun malheur.

Un accident qui heureusement n'a pas eu de suites fâcheuses justifie mes observations :

Un incendie a eu lieu pendant la nuit du dimanche 1er au lundi 2 décembre 1850, le feu se serait communiqué au plancher

supérieur d'une salle où se tient habituellement le bal public de Vannes (Aube).

Les bougies et les chandelles, ainsi que
les lampes portatives, sont d'un usage général, et les précautions à prendre contre
les dangers que ces luminaires présentent
sont connues de tous. Cependant que de
sinistres accidents sont nés de l'oubli de
mesures prescrites par la prudence, par
le bon sens le plus vulgaire !

Ne voit-on pas à chaque instant des
femmes imprudentes et pourtant crain-
tives, armées d'un flambeau, ouvrir leurs
armoires et y plonger la lumière pour s'en
aider dans leurs recherches, sans s'inquiéter le moins du monde si les matières
que recèlent leurs meubles sont plus ou
moins inflammables ?

N'en voit-on pas d'autres approcher des
rideaux des lits, ou des fenêtres, des bougies, chandelles ou des lampes allumées ?
D'autres, plus imprudentes encore, se livrer, étant au lit, à des lectures intempes-
tives, et en s'exposant à être victimes de
leur confiance en elles-mêmes, faire courir
aux autres des dangers souvent contre
lesquels tous secours deviennent inutiles.

C'est ici, ce me semble, qu'il est bon
de rappeler aux personnes qui aiment la
lecture et prolongent ce plaisir jusque
pendant le temps destiné au repos, en li-

sant dans leur lit, que cette habitude a eu trop souvent de funestes résultats. Je n'en citerai qu'un seul exemple :

Le 31 août, des cris de détresse réveillaient, au milieu de la nuit, les habitants d'Essoyes. Un incendie venait d'éclater, Belle-Rue, dans la maison de M. Robert, huissier. Grâce à la promptitude des secours, on fut bientôt maître du feu... Mais quand il fut éteint, et que la fumée fut dissipée, quel affreux spectacle s'offrit aux regards épouvantés ! Sur les restes fumants d'un lit à demi consumé, on voyait le cadavre carbonisé de Mme Robert !

La cause de cet affreux malheur s'explique facilement ; puisse-t-il servir d'enseignement à d'autres !

Mme Robert avait l'habitude de lire au lit, une chaise en était par elle approchée pour supporter sa lumière... Le reste se comprend... Mme Robert n'avait pas encore atteint 25 ans !

On lit dans le *Courrier de la Gironde* :

Un bien douloureux événement, attribué à la négligence d'un domestique qui aurait posé une chandelle allumée sur une table, à portée des rideaux d'un lit, est venu jeter la consternation dans tout un quartier de Bordeaux.

Vers les quatre heures et demie du matin, les habitants de la rue de la Durance ont été réveillés par une vive alerte. Les cris au feu ! au feu ! ces épouvantables cris partaient d'une maison déjà enveloppée d'épais tourbillons de flammes et de fumée.

Le bâtiment incendié était une maison appartenant au sieur Guérin, logeur. Cinq voyageurs se trouvaient endormis dans leurs chambres, au moment où le sinistre a éclaté. Malgré leurs cris, il a été impossible de les secourir. Un jeune marin, appartenant au quartier de Libourne, est le seul qui ait pu parvenir à se sauver.

C'est à six heures seulement que la grosse cloche est venue donner l'éveil à la population.

Les secours, le matériel et le personnel des pompes sont alors arrivés, mais il était déjà trop tard. L'incendie avait tout consumé et s'était, de lui-même, concentré dans son propre foyer.

Les sapeurs-pompiers ne s'en sont pas moins mis à l'œuvre ; alors a commencé pour eux une des plus pénibles opérations qu'il puisse être donné à un homme d'accomplir : ils se sont mis à fouiller les décombres.

Trois cadavres complètement grillés, et qu'on aurait dit être ceux de nains, tant ils avaient été horriblement contractés par le feu, ont été retrouvés au milieu des débris.

Un quatrième voyageur a disparu sans qu'on ait trouvé son corps ou qu'on ait pu savoir de ses nouvelles. Les recherches ont eu lieu devant une foule considérable que ce spectacle affectait douloureusement.

On raconte qu'au nombre des voyageurs qui, selon quelques personnes, s'élèverait à sept ou huit, se trouvaient un vieillard et son fils.

Le vieillard, averti le premier par la fumée, a réveillé son fils, et tous deux à demi-nus, se soutenant l'un l'autre, ont essayé de gagner une issue. La fumée était si épaisse et l'intensité du feu telle, que les deux infortunés ont tourné long-temps au hasard dans un dédale de décombres et de meubles : au moment où ils allaient atteindre une croisée, le père a fait un faux pas et a disparu ; son fils a vainement tenté de le retenir et de le sauver. Lui-même n'a échappé que par miracle à la mort cruelle qui l'avait privé d'un père.

Le jeune marin, qui seul a échappé à ce sinistre, a eu les cheveux et la partie supérieure de la tête complètement brûlés. Il a sauté par la fenêtre de la chambre qu'il occupait, dans la rue, dans un état presque complet de nudité.

Certes, quelque vigilants que soient les magistrats chargés de veiller à la sûreté de tous, on ne saurait attendre d'eux qu'ils se mêlent constamment aux détails de la conduite intérieure de leurs administrés. C'est donc à chacun de nous à veiller avec attention, une attention minutieuse même, afin d'éviter ces déplorables accidents qui, trop souvent, viennent jeter l'effroi dans toute une contrée, et réduire à la misère des populations naguère florissantes.

Que de calamités peuvent résulter d'un seul moment de négligence, de l'oubli de la plus facile des précautions!

Je crois qu'il ne serait pas hors des droits attribués aux magistrats municipaux, par la loi du 28 pluviôse an VIII (26 février 1799), d'exiger que les propriétaires, constructeurs, entrepreneurs, etc., eussent le soin de fixer, au moins à une des fenêtres de chaque appartement, un fort piton vissé dans une pièce de bois ou scellé dans la pierre, afin de pouvoir, au moyen d'un cordage, être capable de supporter au moins un poids de 500 kilogrammes, afin de présenter une issue et un moyen de préservation.

Ne pourrait-on exiger que dans chaque hôtel, hôtellerie, auberge et autres maisons semblables, il existât dans un endroit qui serait indiqué aux voyageurs, des appareils et engins, comme échelles atteignant la hauteur des toitures, cordages de longueurs suffisantes pour la hauteur des maisons, et des sacs de sauvetage semblables à ceux expérimentés le 20 février 1851, à l'Oratoire, à Troyes.

Nul moyen, nulle précaution ne peuvent paraître futiles ou inutiles, quand il s'agit d'éviter des désastres semblables à ceux que nous avons chaque jour à déplorer.

Je ne saurais trop insister pour que MM. les maires ordonnent que, dans tous les étages supérieurs, il soit toujours fait, par ceux qui les habitent, des réservoirs d'eau proportionnés à la grandeur et à l'importance de ces logements.

Ces réservoirs seraient des tonneaux, ou mieux encore des boîtes de bois de chêne doublées en cuivre ou en zinc, d'une capacité qui serait déterminée par les dimensions de la localité, mais comportant au moins un mètre cube.

Il serait facile d'alimenter ces réservoirs par les eaux pluviales qui y arriveraient au moyen des chanlattes, disposées de manière à les y amener ; ils auraient à leur partie supérieure, à quelques centimètres de leur bord, un tuyau de décharge, par lequel le trop plein des eaux s'écoulerait de lui-même dans d'autres réservoirs placés aux rez-de-chaussée, dans les cours, ou dans les jardins.

Pendant le cours des chaleurs, alors que les eaux sont basses et quelquefois taries, il serait de la plus ordinaire prudence de suppléer aux défauts des étangs et des cours d'eau, par des approvisionnements d'eau déposée dans des cuves, tonneaux ou autres récipients. Cette mesure, en plaçant sous la main des quelques personnes qui restent dans les logis, tandis que toutes les autres sont aux champs où les appellent et les retiennent les travaux extérieurs de la culture, ces approvisionnements seraient un premier moyen de s'opposer aux progrès du feu, s'il arrivait un malheur.

Je citerai, sans autre éloge que cette mention : M. Mérat, maire de Moussey, et M. Thoré, son successeur, dont la sage prévoyance a prescrit, en 1846, cette précaution, que les habitants de cette commune ont depuis cette époque sagement continué de prendre.

Afin que toutes ces mesures soient bien prises et que leur ensemble soit coordonné d'une manière utile, je propose, attendu la mutation trop fréquente des maires, qu'il y ait, au moins deux fois par an, des réunions présidées par un membre du

conseil général, ou du conseil d'arrondissement. Dans cette réunion, il serait avisé
à ce que les mesures non encore adoptées,
ou celles qui auraient été négligées, fussent
strictement prescrites ou remises en vigueur, qu'elles soient rendues uniformes
en les généralisant autant que faire se
pourrait.

Il résulterait de cette similitude, de
cette concordance, un ensemble d'actes
préservatifs ou sauveteurs qui, partout où
le besoin s'en ferait éprouver, auraient
lieu instantanément et simultanément, et
deviendraient par là d'une véritable et incontestable utilité publique.

CHAPITRE VI.

Allumettes chimiques. — Pipes. — Cigares. — Voyageurs indigents.

En parlant des divers appareils d'éclairage, des dangers qu'ils offrent lorsque la prudence ne préside pas à leur emploi, je suis amené à parler des allumettes chimiques.

Il n'est pas de maison où l'on ne trouve de ces allumettes, dont les grandes personnes se servent, dont les enfants se font un jeu quand on les laisse s'en emparer.

Les parents ne sauraient donc trop surveiller leurs enfants, éloigner de leurs mains ces produits si commodes, si peu coûteux, d'une industrie toujours progressive, mais qui sont si dangereux quand l'emploi en est fait sans précaution, et plus encore quand ils sont abandonnés à l'inexpérience du jeune âge.

Le 10 août 1849, un commencement d'incendie a eu lieu à Villenauxe, Grande-Rue, dans la maison et au préjudice du sieur Lefort, scieur-de-long.

Sans la promptitude des secours, le feu aurait pu causer des pertes considérables, en gagnant les maisons voisines déjà remplies des récoltes de l'année. Heureusement, le dommage a été peu considérable.

Mais, cette fois encore, des allumettes chimiques trouvées entre les mains d'enfants de 4 à 5 ans, ont suffisamment indiqué la cause de cet accident.

Le samedi 5 août 1850, la commune de Morvillers a été le théâtre d'un incendie qui a détruit deux granges et deux bâtiments appartenant à MM. Daniel père et fils.

Deux enfants qui s'amusaient à frotter des allumettes chimiques sur une pierre placée près de la porte de la grange, ont causé ce sinistre. Le feu de leurs allumettes s'est communiqué à quelques brins de colza. Les flammes ont fait de rapides progrès malgré les efforts du garde forestier Gayon.

La perte a été de 3,420 fr. La grange de M. Daniel fils était seule assurée.

A La Louptière, un incendie se manifeste chez un sieur Dausson, bourrelier en cette commune, et est bientôt comprimé, puis éteint. Quelques instants après, des enfants encore porteurs d'allumettes chimiques, indiquaient comment le feu avait pris à une meule de grain placée devant la maison.

Le 24 juin 1849, un commencement d'incendie s'est manifesté chez M. Hachette, brasseur à Nogent. Cet incendie, heureusement comprimé dès sa naissance, est dû à des allumettes chimiques imprudemment laissées à la disposition d'enfants qui s'en sont fait un jouet.

Les exemples des sinistres causés par cette inexcusable imprudence pourraient être multipliés à l'infini.

Je terminerai par le suivant qui, je l'espère, suffira pour tenir en garde contre les dangers de l'abus d'un objet pourtant si utile :

Une petite fille de 9 ans, la nommée Augustine Mars, passant auprès de la fabrique d'allumettes chimiques de M. Douale, à Gentilly près de Paris, aperçut à terre deux allumettes chimiques et se baissa pour les ramasser. Au même instant, on lança de la croisée du premier étage de la fabrique une poignée d'allumettes chimiques qui, en tombant sur la petite Augustine, s'enflammèrent instantanément et mirent le feu à ses vêtements.

Cette enfant voyant la flamme s'étendre et l'envelopper, se mit à courir en poussant des cris perçants ; elle activait ainsi l'intensité du feu. Elle fut heureusement rencontrée par des blanchisseuses qui la roulèrent dans la poussière et ne parvinrent toutefois qu'avec peine à éteindre les flammes.

Augustine Mars a été transportée chez

son père dans un état déplorable. Le médecin appelé pour la soigner désespérait de la sauver.

L'emploi des allumettes et des briquets phosphoriques d'un usage si ordinaire dans l'intérieur des maisons, me conduit naturellement aussi à placer ici les prescriptions qu'il me semble possible d'imposer aux fumeurs, et de leur indiquer les soins et les précautions dont ils doivent s'environner.

Il est, je crois, d'une haute importance, que les propriétaires ou chefs d'établissements industriels ou agricoles s'imposent à eux-mêmes le devoir et exigent de tous leurs employés, ouvriers ou domestiques, de ne jamais entrer dans les ateliers, les magasins, les écuries, les granges et autres endroits où sont entassés des matières combustibles, ou contenant des essences, des spiritueux, des matières inflammables et fulminantes, avec des pipes ou des cigares allumés.

Les maires des communes rurales devraient impérieusement interdire de fumer, du moins avec des pipes sans couvre-feu, dans les rues des villages où les maisons sont construites en bois, couvertes en chaume, et dont les toitures sont assez peu élevées pour que des flammèches, facilement soulevées par le vent, et même par le souffle du fumeur, s'échappent du cigare, de la cigarette ou de la pipe, s'élèvent, retombent sur les toitures ou s'insinuent dans le chaume.

Dans certains pays, en Russie, par exemple, il est interdit par un ukase impérial de fumer si ce n'est avec une pipe couverte. Dans le département de la Somme, où, comme dans le nôtre, les constructions sont en bois, l'administration se préoccupant de ces dangers, a proscrit, surtout dans les villages, l'usage de la pipe sans couvre-feu.

De plus, les fumeurs, d'eux-mêmes, et par esprit de prudence, doivent se garder de jeter, sur quelque partie que ce soit de la voie publique, notamment sur les ponts en bois, dans les promenades, à la sortie des salles de spectacles et autres lieux de réunion ou de divertissements, aucun bout de cigare, débris de papier ou brin d'allumettes enflammés.

En 1844, une dame passant dans le jardin du Palais-Royal à Paris, devint la victime d'un bien cruel accident causé par un fumeur, qui venait de jeter à terre le papier dont il venait de se servir pour allumer son cigare.

Un morceau de papier s'enflamma et le feu se communiqua à la robe de mousseline de cette dame , qu'on ne sauva qu'en la plongeant dans le bassin du jardin, ce qui ne la préserva pas de brûlures très-graves.

Le même accident ne peut-il pas se renouveler et même fréquemment par la même cause ?

Quelques personnes ont la funeste et blâmable habitude de fumer dans leur lit. Cela est d'une inexcusable imprudence ; on peut en allumant sa pipe ou son cigare laisser échapper, soit du tabac enflammé, soit des cendres brûlantes, et mettre ainsi le feu aux couvertures et aux draps, où trouvant un actif aliment, il se propage, peut se communiquer aux rideaux, aux tentures, envahir tout l'appartement et donner lieu à un vaste embrasement. Le fumeur peut aussi, surtout le soir, s'endormir et s'exposer personnellement à des dangers très-grands.

Il n'est pas prudent non plus de fumer, en écrivant sur un bureau couvert de papiers, ou près d'une table où se trouvent déposés des objets faciles à s'enflammer, tels qu'objets de toilette, linges, papiers ou livres.

Avant de remettre, dans sa poche, la pipe dont il vient de faire usage, le fumeur doit s'assurer qu'elle est entièrement éteinte ; la secouer pour la débarrasser des cendres ou du tabac encore chaud, et qui s'attachent surtout aux parois des vieilles pipes. Il faut éviter que, dans la poche, la pipe qu'on n'a pas eu le temps de laisser refroidir ne se trouve en contact avec de l'amadou, des allumettes chimiques, ou même simplement souffrées. L'amadou et les allumettes que le fumeur porte avec lui doivent être soigneusement contenus dans une boîte de métal bien fermée.

Quand on vient de débourrer sa pipe après avoir fumé, ou de *moucher* son cigare, il faut avoir grand soin d'écraser, sous le pied, les résidus qui en proviennent.

Enfin, pour terminer l'ensemble des mesures qu'il me semble à propos de prendre pour se préserver des dangers du feu par la pipe et les allumettes chimiques, je parlerai ici des voyageurs indigents, qui sont fumeurs pour la plupart.

Les mesures prises pour l'extinction de la mendicité dans le département de l'Aube ont déjà produit de bons résultats. L'un des plus appréciables a été d'éloigner des communes rurales ces nombreux mendiants et vagabonds, voyageant en troupe ou isolément, qui mettaient en quelque sorte les villageois à contribution, et devenaient pour eux l'objet constant de justes inquiétudes.

Mais à côté de ces individus qui se sont

fait, pour ainsi dire, un métier et une habitude d'exploiter la charité publique dans leurs pérégrinations, et qui, conformément aux sages prescriptions de l'administration départementale, doivent être déférés à l'autorité judiciaire, il est de malheureux voyageurs, auxquels les habitants des compagnes, toujours prêts à venir en aide aux infortunes véritables, ne refuseront jamais un abri sous leur toit. Ce serait, d'ailleurs, mal comprendre les intentions de l'administration que de ne point donner l'hospitalité au pauvre pélerin, qui, après avoir parcouru une route longue et pénible, voit ses ressources épuisées, et ne peut aller chercher à l'hôtellerie, même la plus modeste, un gîte pour y passer la nuit lorsqu'il est accablé par la fatigue, la chaleur brûlante ou le froid rigoureux.

Si la compassion laisse prendre à ces malheureux, dignes d'une sincère pitié, un coin d'une grange ou d'une étable où ils pourront se mettre à l'abri des intempéries, et reprendre avec un peu de repos un peu de force et de courage pour supporter de nouvelles fatigues, de nouvelles misères, il sera facile de concilier la charité avec la prévoyance que commandent des intérêts légitimes d'accord avec la sécurité publique.

Il suffira, en effet, de veiller à ce que les

personnes qu'on aura ainsi recueillies ne s'introduisent pas dans les lieux habituellement destinés à les recevoir, avec des objets à faire feu, tels que briquets, amadou, amorces, étoupilles, allumettes chimiques, etc., et qui puissent devenir dans leurs mains une cause d'incendie.

Les maîtres de la maison placeront ces objets en lieu sûr, pour les rendre à leurs possesseurs, lorsqu'ils se remettront en route.

Si ces précautions eussent été constamment observées, on n'aurait pas à déplorer l'événement qui eut lieu pendant la nuit du 3 au 4 février 1849. Le feu a consumé, dans la commune de Courtavant-sous-Barbuise, quatre maisons, deux écuries, quatre granges avec les grains et fourrages qu'elles contenaient. Ces maisons appartenaient aux sieurs Jacquemard, Samson, Mauvais, Dalisson, Jeanneau ; c'est chez ce dernier que l'incendie s'est manifesté.

La veuve Bigault, n'ayant pu fuir à cause de son grand âge, a été retirée du milieu des flammes dont elle portait des traces profondes, au moment où elle allait périr.

La perte matérielle a été de près de 9,000 francs.

Un mendiant, porteur d'allumettes chimiques, avait été reçu par Jeanneau ; son corps carbonisé a été retiré de la grange, où probablement il aura mis le feu à la paille sur laquelle il reposait.

Les sapeurs-pompiers de Villenauxe, Barbuise, Perrigny-la-Rose, Montpothier, La Saulsotte et Pont-sur-Seine, se sont empressés avec un zèle louable et ont rivalisé d'efforts pour arrêter les ravages de l'incendie.

CHAPITRE VII.

Magasins de graisses et combustibles.

L'exécution du décret du 15 octobre 1810, concernant les manipulateurs de matières grasses et inflammables, chimistes, ciriers, chandeliers, huiliers, distillateurs et autres, qui leur interdit de faire construire ou d'employer des fourneaux à faire fondre ou distiller ces matières, si ce n'est hors des villes et à des distances qui doivent leur être prescrites dans les autorisations légales dont ils se doivent pourvoir pour l'établissement de leurs usines et fourneaux, doit être rigoureusement surveillée.

Bien que je ne m'occupe ici que des dangers du feu et des moyens de s'en garantir par la prévoyance et par l'observation des lois et des règlements de police locale, c'est peut-être le moment de rappeler qu'indépendamment des dangers du feu qui peuvent résulter de la proximité de ces sortes d'établissements, ils présentent, en outre, au moins quelques-uns, des dangers pour la salubrité publique.

Sous le rapport de ce double et si grave inconvénient, l'administration municipale de la ville de Troyes s'est montrée sage et prévoyante, dans la prescription de l'article 13 de son règlement de police municipale, qui dispose : Il est défendu à tous manipulateurs, chandeliers et autres de faire construire et d'employer aucuns fourneaux à fondre des matières grasses et inflammables dans l'intérieur de cette ville, à peine de démolition desdits fourneaux.

Ils ne pourront les établir que hors des murs et aux distances qui seront déterminées par les autorisations dont ils doivent se munir.

Il est probable que c'est par l'oubli des prescriptions de police urbaine, que le 9 avril 1731, un incendie qui réduisit en cendres 10 maisons, à Troyes, se déclara dans la maison de M. Rousselet, épicier, à la Plume-Blanche, dans la Grande-Rue.

Cet exemple et bien d'autres plus récents doivent être proposés à toutes les administrations locales qui auraient pu laisser tomber en désuétude d'aussi efficaces mesures, ou à celles qui ne les auraient pas encore mises en vigueur dans le ressort de leur autorité.

La législation qui se rapporte à cet objet et qui le règle, se divise en deux parties bien distinctes :

La première, relative aux formalités à remplir pour obtenir l'autorisation de former ces établissements ; la seconde donne la nomenclature des établissements soumis à des formalités spéciales.

Il existait antérieurement, sur cette matière, plusieurs lois résumées et fondues dans le décret du 15 octobre 1810.

Ce décret contient, outre ses dispositions, une nomenclature et une classification des établissements dont il règle la fondation et l'existence. Mais cette nomenclature, rendue tout-à-fait insuffisante par le développement et le progrès du commerce et de l'industrie manufacturière, nécessita l'intervention de diverses ordonnances rendues subséquemment.

Je donne ici la liste de quelques-uns de ces établissements les plus dangereux sous le rapport du feu.

Acide nitrique, acide pyroligneux, acide sulfurique, affinage de métaux, bleu de Prusse, chaux (fours à) permanents, char-

bon de terre (épurage de); fabriques de
dégras; hauts-fourneaux; fonte des graisses à feu nu; fabriques et cuisson des huiles; travail en grand des pompes à feu,
résines, goudrons, galipots, arcansons et
de toutes matières résineuses; distillation
du sel ammoniac, du soufre; fonderies de
suif; carbonisation des tourbes; distilleries
d'absinthe; fabriques de bitumes en planches; fondeurs en grand; gazomètres, noir
de fumée; distilleries d'eaux-de-vie et de
genièvre; fabriques de tabac; chantiers de
bois à brûler; bougies de blanc de baleine;
préparation du camphre; dépôts de charbons, houilles, tourbes.

Pour compléter tout ce qui a rapport à
ce sujet, j'ajoute que par l'article 151 du
code forestier il est défendu d'établir,
sans autorisation, aucun four à chaux ou
à plâtre, aucune briqueterie ou tuilerie
dans l'intérieur des bois soumis au régime
forestier, à moins d'un kilomètre de distance, sous peine d'une amende de 100 fr.
à 500 fr. et de la démolition de ces établissements.

Parmi les matières combustibles dont
l'éloignement des habitations me paraît
devoir être recommandé et l'objet d'un
soin assidu et particulier, je rangerai la
chaux indiquée par l'article précité.

Un monceau de cette matière ayant été

déposé dans la cour du Petit-Séminaire, il m'a été attesté par l'un de messieurs les directeurs de cette maison, que cette chaux, mouillée par la pluie, avait été mise en combustion.

Le témoignage de cet ecclésiastique me suffisait personnellement ; mais voulant prémunir le public contre un danger qui m'était connu, j'en voulus faire l'expérience afin de faire passer ma conviction dans les esprits peu crédules. A cet effet, j'arrosai pendant quelques instants une pierre de chaux avec un peu d'eau, elle prit feu et les brins de papier ou de paille que j'exposai à cette incandescence prirent feu à leur tour.

Les dépôts de chaux doivent donc être faits au loin, comme tous ceux d'autres matières combustibles.

CHAPITRE VIII.

Couvertures.

Les couvertures en paille, en chaume, en roseaux, sont encore nombreuses dans les faubourgs de nos villes, et surtout dans les communes rurales, d'où elles ne disparaissent que trop lentement.

Je rappellerai ici que le 24 mai 1781 un incendie éclata aux Faux-Fossés-Saint-Nicolas, au milieu de maisons couvertes en paille, et qu'en moins d'une heure et demie 80 maisons furent brûlées, et que huit ou dix personnes périrent dans les flammes.

Attendu la facilité que ces sortes de toitures offrent à la propagation du feu et à son alimentation, il est à désirer que les arrêtés restrictifs et prohibitifs de l'emploi de ces matières soient rigoureusement mis à exécution.

A ce sujet, je rapporterai les termes de l'arrêté de M. le Préfet de l'Aube, du 4 septembre 1850, qui dispose :

Art. 1er. L'emploi des matières combustibles telles que chaume, paille, roseaux, etc., est formellement interdit pour les constructions neuves.

Art. 2. L'emploi du chaume, de la

paille, des roseaux, est autorisé seulement pour les réparations à faire aux bâtiments d'habitation et aux bâtiments ruraux ou d'exploitation.

Art. 3. Tous les arrêtés pris antérieurement sur les constructions en chaume sont et demeurent rapportés.

Art. 4. L'exécution du présent arrêté est confiée aux soins de MM. les Maires.

Les mesures précédemment prescrites par la mairie de Troyes, qui, sur le territoire de la ville, interdisent aux propriétaires et habitants d'avoir, de construire et de réparer des toitures en paille, si ce n'est à des distances déterminées, se trouvent ainsi pleinement corroborées dans leurs dispositions absolument prohibitives, et annulées quant aux dispositions purement restrictives de distance, puisque l'arrêté préfectoral ne fait pas cette distinction.

N'est-il pas, en effet, bien certain que si les maisons étaient construites en matériaux incombustibles, on pourrait, sinon prévenir les incendies, du moins circonscrire le feu dans un foyer plus restreint, et qu'on n'aurait pas à déplorer, comme cela arrive si souvent dans nos villages, la destruction d'un grand nombre d'habitations par un seul incendie.

L'expérience a démontré que ces sinistres ne s'étendent presque jamais d'une ou deux, au plus trois maisons, dans les localités où les bâtiments sont construits en pierre de taille, en craie ou en briques, et couverts en lave, tuile, ardoise, zinc, fer galvanisé ou autres matières plus ou moins résistantes à l'action du feu.

Il est vrai que dans la majeure partie du département de l'Aube, la rareté des pierres a, jusqu'à présent, obligé les habitants à recourir au bois, et que ces sortes de bâtiments ne peuvent facilement soutenir une couverture en tuile. Mais, depuis plusieurs années, il a été suppléé à l'insuffisance des pierres par l'établissement de nombreuses tuileries et briqueteries qui offrent aujourd'hui aux habitants le moyen de se procurer, à des prix modérés, les matériaux dont ils ont besoin pour leurs constructions, sans recourir aux matières combustibles.

D'un autre côté, la *Caisse des incendiés* accorde une prime aux habitants incendiés ou non, qui substituent aux toits en paille une couverture en tuile.

Ainsi, les difficultés matérielles qui pouvaient faire obstacle à l'adoption de constructions plus solides et à la disparition des toitures en chaume n'existent plus.

Dans sa session de 1847, le Conseil général s'est vivement ému des désastres, par le feu, dont le département a eu tant à souffrir en 1846, et il a appelé l'attention de l'autorité préfectorale sur les graves inconvénients des toitures en matières combustibles.

Un arrêté de M. le Préfet, daté du 11 novembre 1847, les avait prohibées aussi bien pour les constructions neuves que pour celles qui auraient besoin de réparations partielles.

L'application de cette décision a provoqué de nombreuses réclamations auxquelles l'autorité a cru devoir obtempérer. Mais des considérations de l'ordre le plus élevé, la sécurité publique et privée ont fait rapporter les dispositions de cet arrêté, pour les remplacer par les prescriptions de celui du 4 septembre cité plus haut.

Les habitants de nos campagnes comprendront, à n'en pas douter, la sagesse prévoyante de l'autorité qui veut les préserver des désastres effroyables auxquels les exposent les couvertures en chaume ; eux qui tant de fois ont été les témoins et les victimes des incendies allumés avec la rapidité de la foudre pour ainsi dire ; eux qui si souvent ont vu des femmes, de faibles enfants, des vieillards infirmes surpris pendant leur sommeil, et des familles aisées ou riches ruinées en quelques instants.

Il est aussi un moyen fort simple et peu dispendieux, que je crois devoir indiquer, de préserver les toits en chaume de l'incendie :

C'est un enduit composé de 7ɪ10ᵐ de terre glaise, 1ɪ10ᵉ de sable, 1ɪ10ᵉ de crotin de cheval, et 1ɪ10ᵉ de chaux vive : le tout bien mélangé et corroyé avec de l'eau jusqu'à consistance d'un mastic. On applique cet enduit sur la surface de la toiture en chaume, à la truelle, en lui donnant une épaisseur d'un centimètre, et en ayant soin de remplir avec cette truelle les fentes et les fissures, à mesure que la dessiccation a lieu.

L'analyse du prix, déduite de l'expérience, ne donne qu'une dépense de 7 fr. 35 c. pour une couverture de 160 mètres carrés de superficie.

Ce procédé a été publié en 1834 par la Société d'agriculture du département du Nord. L'application en a été faite dans plusieurs communes de ce département, où elle se continue avec succès et sur une grande échelle.

MM. les Maires chargés de l'exécution de la mesure précitée ne sauraient trop y tenir la main, s'ils veulent, en secondant les sages vues de l'administration, éviter aux habitants de leurs communes des désastres dans lesquels ils pourraient se trouver enveloppés eux-mêmes.

Le 21 septembre 1850, vers 7 heures du soir, le tambour avertissait les citoyens de Troyes qu'un sinistre réclamait leurs secours les plus prompts.

En effet, un incendie s'était déclaré dans la commune de Saint Martin-ès-Vignes, dans une chambre inhabitée de la maison appartenant indivisément aux sieurs Feuk, marchand sabotier, Poupard et Hugot.

On se perd en conjectures sur la cause de cet incendie, qui peut-être n'a eu lieu que par le contact de quelque foyer avec des amas de matériaux ou de copeaux.

A l'occasion de cet incendie, incendie d'une maison couverte en paille, nous demanderons comment il se fait qu'une autre chaumière, qui porte le n° 45, ait été encore couverte en chaume, nonobstant les prescriptions formelles de l'arrêté précité.

Parmi les personnes qui se sont trouvées les premières sur le lieu du sinistre, j'ai remarqué M. de Larrard, secrétaire général de la Préfecture ; M. le procureur de la République ; MM. les adjoints au Maire de Troyes ; MM. les officiers de la gendarmerie et MM. les commissaires de police de la ville, et M. Becquet, boucher à Troyes.

Une foule nombreuse d'habitants de Troyes et des environs sont accourus au secours des propriétés menacées, et ont pu concourir, avec MM. les pompiers de Saint Martin et de Troyes, a arrêter les progrès de l'incendie.

Les sapeurs-pompiers de St-Martin-ès-Vignes sont les dignes émules de ceux de Troyes. Depuis le 15 août 1826, j'ai vu un grand nombre de sinistres désoler cette importante commune. Cependant, depuis cette époque, dans tous ces désastres qui auraient pu devenir considérables, on a pu remarquer avec moi qu'une seule maison, celle où le feu s'était manifesté, devenait la proie des flammes. Honneur donc et reconnaissance à cette brave compagnie!

A Chervey, lors du dernier sinistre qui est venu mettre le comble aux malheurs de cette commune, le presbytère est resté seul debout au milieu de tous les bâtiments, qui ont été réduits en cendre.

Une seule des maisons incendiées était couverte en tuile. Et sans doute elle a dû sa ruine au dangereux voisinage des toits de chaume qui l'environnaient.

Cette cruelle expérience, ajoutée à tant d'autres, ne doit pas être perdue.

CHAPITRE IX.

Artifices.

Les artificiers, débitants de tabac, épiciers, quincailliers et autres, qui font trafic ou débitent de la poudre de guerre ou de chasse, en vertu des commissions spéciales qu'ils ont obtenues de la régie des poudres et salpêtres, doivent très-expressément n'en avoir dans leurs maisons ou magasins, et n'en vendre aux particuliers que les quantités prescrites par les lois et par les règlements administratifs.

Il pourrait être et même il devrait être veillé avec un soin minutieux à ce que les débitants et autres manipulateurs de poudre établissent leurs magasins hors de la ville, dans les lieux isolés de toute habitation.

Je ne saurais trop manifester mon étonnement de voir que l'administration municipale de Troyes qui, en toutes circonstances, se montre si attentive et si prévoyante, n'ait pas encore pourvu au transport dans un autre lieu, hors de la ville, et suffisamment éloigné de toute habitation, de la poudrière qui se trouve placée près de la porte de Croncels.

Sans doute cette poudrière est l'objet d'une surveillance active, continuelle, une sentinelle en interdit les approches ; mais enfin des malheurs arrivés ailleurs justifient suffisamment nos appréhensions : c'est donc avec toute la déférence et la réserve dues aux magistrats municipaux, et à M. le maire en particulier, que nous soumettons cette réflexion, et que nous rappelons la nécessité de pourvoir le plus promptement possible à une mesure que recommandent également et la prudence et l'expérience du passé.

Lors du dernier feu qui a eu lieu en décembre 1850, rue de l'Eau-Bénite, le voisinage de cette poudrière éveillait, non sans raison, nos appréhensions et les vives inquiétudes des habitants de ce quartier populeux.

Les préposés au transport des poudres voiturées pour le service de la guerre, ou pour l'approvisionnement des dépôts particuliers, devront s'environner de toutes les précautions qui leur sont imposées par l'administration autant que par la prudence. Ils devront en même temps s'astreindre aux règlements de police dressés, à cet effet, par les administrations des localités où passeront les convois confiés à leurs soins.

C'est ainsi qu'à Troyes ils ne doivent

pas traverser la ville et ils ne doivent s'arrêter qu'à cinq cents pas au-dessus ou au-dessous de la ville, et suivre l'itinéraire tracé par une trop juste sollicitude, afin d'éloigner et de prévenir toute espèce d'accidents.

A ce sujet, je crois devoir rendre hommage à l'intrépide courage, à l'admirable sang-froid d'un brave militaire français, dont la rare présence d'esprit a prévenu un grand malheur.

Un gendarme de la brigade de La Capelle (Aisne), s'est conduit d'une manière admirable dans une des circonstances les plus critiques où un homme puisse probablement jamais se trouver.

M. le capitaine d'artillerie à la résidence de Maubeuge avait mis en réquisition deux gendarmes de La Capelle, pour escorter jusqu'à Hirson un convoi chargé de 5,500 kilogrammes de poudre de guerre. Le gendarme Nicolle marchait en tête du convoi, et le gendarme Dautuppe fermait la marche. On était arrivé sur le territoire d'Hirson, et on avait descendu une côte assez rapide pour avoir dû serrer fortement la mécanique de chacun des deux charriots conduits l'un par sept chevaux, l'autre par huit, lorsque Dautuppe s'aperçut tout-à-coup que le feu avait pris au second charriot, par suite probablement de la forte chaleur qui s'était développée dans les freins de fer de la mécanique, trop fortement tendus.

Ce brave militaire n'eut pas un seul instant d'hésitation.

D'un temps de galop il se porta à la tête du convoi, fit hâter la marche du premier charriot et arrêter le second. N'écoutant alors que son courage, il monta sur la voiture où le feu faisait de rapides progrès. Des flots de fumée laissaient échapper déjà quelques flammes. De ses mains Dautuppe arracha la paille embrasée qu'il jeta au loin, et quand le péril ne fut plus aussi imminent, il descendit, et à l'aide de quelques seaux d'eau il éteignit facilement le reste.

On frémit à la pensée de l'horrible malheur qui serait arrivé sans la présence d'esprit, le courage et le sang-froid de ce brave militaire, dont la belle conduite sera sans doute récompensée et donnée en exemple à tous ses camarades.

De combien de précautions même minutieuses ne doivent pas s'entourer, en effet, toutes les personnes que leur profession appellent à la vente ou à la manipulation des poudres. Si, sur un bâtiment de l'État comme *le Valmy*, où l'habitude et la discipline sont des garanties contre les imprudences et les malheurs qu'elles entraînent, un seul instant d'oubli a causé une effroyable catastrophe ; il est évident que dans les endroits où cette discipline et cette habitude ne sont et ne peuvent être établies, on doit être, s'il se peut, plus vigilant encore, aussi bien pour l'intérêt de tous que pour le sien propre.

Le maître canonnier du vaisseau *le Valmy* n'a-t-il pas été la première victime du malheur qui, avec lui, a frappé plusieurs personnes ; a failli coûter à la France la perte d'un de ses plus beaux vaisseaux et faire perdre la vie à un grand nombre de braves soldats et d'intrépides matelots ?

Le maître canonnier qui avait dû, plusieurs fois dans la nuit, faire des signaux, était rentré dans sa chambre emportant avec lui différentes pièces d'artifice. Dans cette chambre se trouvait une caisse de poudre. On ne sait par quel hasard ou par quelle imprudence le feu prit, soit aux fusées, soit à la caisse.

Le vendredi 8 novembre 1850, à cinq heures du matin, le vaisseau *le Valmy* se trouvait à 15 lieues au large d'Ouessant : tout-à-coup une épouvantable explosion ébranle le navire. Les bordages du faux pont sont enlevés dans un espace de huit à dix mètres, et sans la solidité du vaisseau, les murailles auraient certainement été entamées, tant la violence du coup a

été terrible. Le premier moment de ter-
reur passé, voici les faits qu'on a pu constater :

Le maître canonnier a été la première
victime de sa fatale imprudence. Sept
hommes ont été tués avec lui sur le coup :
le commis aux vivres et le maître charpentier, qui étaient dans leurs chambres
placées à babord devant ; trois seconds
maîtres couchés dans leurs postes par le
travers des chambres des maîtres, et, enfin deux matelots.

Sur deux seconds maîtres blessés griè-
vement, l'un a succombé trois jours
après l'événement. Une douzaine de matelots ont reçu des atteintes de feu et des
éclats de bois. Leurs blessures n'ont présenté heureusement que peu de gravité.
Deux d'entre-eux ont été transportés à
l'hôpital de la marine : le premier n'a eu
que des brûlures peu considérables ; le
second a été atteint d'une congestion
cérébrale.

On raconte cette particularité qu'un
mousse couché dans son hamac a été lancé
contre le pont et tué sur le coup.

La responsabilité d'un événement si
effroyable ne doit certes peser sur personne. Celui dont l'imprudence a com-
promis la vie de tant d'hommes et pouvait
causer à notre marine une perte irrépa-

rable, ce malheureux en a été horriblement puni.

Mais que ce malheur serve de leçon : sous aucun prétexte, sans doute, il ne sera plus permis à personne, à bord des bâtiments, d'avoir ailleurs que dans les soûtes aux poudres des matières inflammables de quelque nature qu'elles soient, à quelque service qu'elles appartiennent. L'existence de quelques milliers d'hommes et la conservation d'un vaisseau valent bien la peine qu'on s'impose une contrainte pénible en certains cas, mais si rigoureusement nécessaire.

J'ajoute que l'existence d'un seul homme, la conservation d'une seule maison, si médiocre soit-elle, qui abrite un être humain, valent bien la peine qu'on s'impose cette contrainte, pénible quelquefois, mais toujours rigoureusement nécessaire.

Par suite des dangers qui proviennent de l'explosion de la poudre, il doit être expressément défendu de tirer des coups d'armes à feu dans les rues et sur les places publiques, pour quelque cause et quelque occasion que ce soit.

Le jour de la fête de Notre-Dame de Septembre était un jour de réjouissances à Villy-le-Maréchal.

Les habitants des communes voisines y

affluaient ; mais surtout grand nombre de jeunes villageoises, parées au mieux et disposées à prendre leur bonne part des divertissements, sans en oublier la danse.

Mademoiselle Garnier, d'Assenay, se promettait bien de n'en rien céder à ses compagnes. Donc, en compagnie de ses amies, elle vint à cette fête de famille et de voisins ; elle jouissait, par avance, des plaisirs espérés depuis déjà quelques jours.

Mais hélas ! la jeune danseuse avait compté sans le jeune M....., enfant inconsidéré, pétulant, qui s'amusait à sa manière. M..... s'ébattait avec les enfants de son âge, au milieu de la fête qu'il illuminait du feu de ses pétards et de ses fusées.

Une des étincelles qui jaillissaient de sa main inexpérimentée s'attache aux plis de la robe de Mademoiselle Garnier, et cause, par la flamme qui se développe, une peur pour laquelle heureusement Mlle Garnier en a été quitte en laissant au feu, un lé de sa robe.

Le tribunal de simple police de Bouilly, appelé à prononcer sur le dommage et sur la réparation qui en était due, a, par suite du procès-verbal qui avait été dressé, condamné M..... père à 25 fr. de dommages-intérêts, comme civilement responsable des faits et gestes de son fils.

Le monopole des feux d'artifices doit être entièrement laissé aux administrations locales, parce qu'alors cette partie des réjouissances publiques, sans être tout-à-fait exempte des inconvénients qu'elle entraîne, est au moins l'objet d'une surveillance spéciale qui en atténue les dangers, si elle ne les écarte pas tout-à-fait.

Cette recommandation qui, je l'espère, deviendra dans nos communes rurales, aussi bien que dans nos villes et notamment à Troyes, l'objet d'une prohibition absolue, cette recommandation, dis-je, se trouve pleinement justifiée par un grand nombre de faits, et surtout par un exemple récent.

Un journal de la localité rapporte que, l'année dernière, au mois de novembre, la double noce du frère et de la sœur, M. et Mlle Godey, se célébrait dans la commune de la Vendue-Mignot. Suivant l'usage, les jeunes gens du pays célébraient ces deux hymens par de nombreuses salves de mousqueterie.

Le sieur Honoré François, jeune soldat de la classe de 1849, se montrait le plus ardent parmi les tirailleurs ; lorsqu'au moment du déjeûner et alors qu'une dernière décharge devait annoncer la mise à table, son fusil, maladroitement ou imprudemment manié, partit et lui fit une blessure très-grave, en lui déchirant la paume de la main et en emportant la première phalange du medius et de l'annulaire. La position du blessé est devenue très-alarmante et a nécessité une amputation.

Ce jeune homme est depuis revenu dans sa commune avec une main mutilée. Cet accident, dû, on ne saurait le nier, à une coutume qui devrait être partout abolie, en renvoyant dans ses foyers un jeune soldat hors d'état de servir, fait peser sur un autre la rigueur du sort, en l'appelant sous les drapeaux ; et le même événement est ainsi devenu doublement fatal en affligeant deux familles.

En 1844, un accident presque semblable, qui heureusement n'a pas eu de suites fâcheuses, est arrivé dans la même commune au sieur Montagne, dans des circonstances presque semblables.

En 1816, cette coutume de tirer des coups de fusils a occasionné un incendie qui a détruit une maison à la Vendue-Mignot.

Au mois d'août 1845, Mme Bouillerot, boulangère au faubourg Croncels, fut marraine d'un enfant nouveau-né. Comme elle se rendait à l'Eglise avec la famille, les amis, les invités et la sage-femme qui portait l'enfant, et lorsqu'elle passait devant la maison n° 22, un jeune homme voulut leur faire honneur, suivant l'usage, par la décharge d'armes à feu.

Dans cette pensée, il demanda à un marchand de vin du coin de la ruelle aux Anes s'il avait des armes, et celui-ci lui remit imprudemment un fusil et un pistolet chargés.

Alors notre étourdi tira un coup de fusil dans la direction des passants. Par malheur, ce fusil était chargé à plomb.

Madame Bouillerot reçut une grande partie de la décharge dans ses habits, douze grains pénétrèrent dans les chairs. Trois autres personnes et le nouveau-né lui-même furent atteints. Grand émoi et vive alerte parmi les gens de la fête qui ne s'attendaient pas à une pareille aventure, mais qui heureusement en furent quittes pour la peur.

N'est-il pas à désirer qu'à défaut des leçons de l'expérience, la sollicitude des autorités n'intervienne pour interdire des divertissements qui peuvent avoir et ont trop souvent des suites si déplorables ?

Nous proposons à l'imitation de ses collègues M. le maire d'Isle-Aumont, qui a prohibé, dans tout le ressort de sa commune, une manifestation si dangereuse.

Cette règle de conduite, indiquée par la prudence aux autorités et aux particuliers eux-mêmes, doit, sans contredit, s'appliquer à toutes les pièces d'artifices, telles que boîtes, pétards, fusées volantes, etc.; et c'est aussi dans ce cas que les parents doivent veiller, comme pour les allumettes chimiques, avec une attention toute particulière et paternelle, sur leurs enfants.

CHAPITRE X.

Magasins. — Ateliers. — Usines.

La tâche de l'autorité est grande, je le sais, puisque avec cette sollicitude générale, à cette surveillance incessante qui a pour objet les dangers du feu par des causes sur lesquelles elle peut exercer une action plus ou moins efficace, elle a encore pour mission, mission délicate, d'intervenir dans l'intérieur d'un grand nombre d'établissements particuliers, et de s'immiscer aux détails de certaines professions.

C'est ainsi qu'il a dû être et qu'en effet il a été non-seulement recommandé, mais encore enjoint aux boulangers, pâtissiers, rôtisseurs, restaurateurs, aux serruriers, forgerons, taillandiers, charpentiers, charrons, menuisiers, ébénistes, tonneliers, boisseliers, tourneurs, sabotiers et autres personnes exerçant des professions qui nécessitent un emploi constant du feu, ou qui entraînent la nécessité de tenir des magasins de matières combustibles, comme charbons, houille, tourbes, bois, d'avoir le plus grand soin de placer leurs bois, fagots, braises, charbons, copeaux, paille, dans des endroits éloignés du feu et des corps de cheminées, des fours, forges et fourneaux.

Ils ne doivent jamais oublier, surtout, les défenses qui leur sont faites par les réglements de police, d'entrer dans ces endroits avec du feu ou de la lumière.

L'oubli de ces précautions si simples, indiquées par le bon sens le plus vulgaire, plus encore que par les avertissements des autorités, a été souvent la cause de bien déplorables malheurs. Dernièrement encore, en novembre 1850, cette négligence ou cette infraction a été suivie d'une affreuse catastrophe à Clichy, près de Paris.

Mᵐᵉ B..... était descendue dans sa cave, avec sa jeune fille, portant une lumière. La mère étant remontée, pour un moment, laissa son enfant seule : la frayeur de cette solitude ayant, à ce qu'il paraît, soudainement frappé cette jeune fille, elle laissa tomber son flambeau, qui mit le feu à des copeaux entassés dans la cave. Mme B... redescendit ; mais quels ne furent pas sa surprise et son effroi en voyant dans cette cave un immense brâsier et des flots de fumée tourbillonnant de toutes parts.

Malgré le danger, ou plutôt l'oubliant pour elle-même, Mme B..... se précipite pour sauver sa fille, que vainement elle appelle à grands cris.

Plusieurs personnes accourent aux clameurs de cette mère désespérée. On s'empresse d'éteindre le feu qui déjà entamait le plafond de la cave. On reconduisit dans sa chambre Mme B...., pour l'arracher au tableau déchirant que présentait à ses yeux maternels le cadavre défiguré de sa fille, dont la tête était déjà presque carbonisée, et dont le reste du corps n'était plus qu'une vaste et horrible plaie.

En 1842, dans la nuit du 30 au 31 décembre, vers les deux ou trois heures du matin, un commencement d'incendie s'est manifesté dans un des bâtiments dépendants des usines de Jaillard (Troyes).

Aux premiers cris d'alarme, tous les élèves du Grand-Séminaire et une foule d'ouvriers et d'habitants des environs sont accourus et ont arrêté cet incendie, circonscrit d'ailleurs dans un bâtiment solidement construit en pierre et en fer. La perte a été très-peu importante : elle ne s'est élevée qu'à 150 fr. ; mais on redoutait un désastre, et la ville était sur pied pour porter secours au besoin.

A cet empressement, on reconnaît le dévouement des Troyens, que rien n'arrête quand il s'agit d'éviter les suites d'un incendie.

Il paraît qu'une certaine quantité de bois de menuiserie avait été placée depuis plusieurs jours dans une étuve, au-dessus d'un fourneau, et que la chaleur vive et prolongée à laquelle ces bois avaient été exposés leur a fait prendre feu spontanément.

Qui ne se souvient à Troyes de la vive alarme répandue dans toute la ville par l'incendie de Saint-Frobert, en 1829, causé aussi par le feu communiqué accidentellement à des copeaux, à des débris de bois provenant d'un atelier de charronnage.

Malgré la rigueur du froid, l'intensité du sinistre, toute la ville fut bientôt sur pied, et grâce au zèle de la population entière, magistrats, citoyens et pompiers, le feu put être concentré et le quartier préservé d'un ruine totale.

Les élèves du Séminaire, conduits par leurs supérieurs, le collége, les pensions, amenés par leurs directeurs et professeurs, se firent remarquer par leur concours empressé, intelligent, efficace. Et toute cette jeunesse, ecclésiastique ou laïque, par le déploiement de ce courage et de cette activité, faisait concevoir des espérances qu'elle réalise aujourd'hui dans les différentes carrières où elle a été appelée à servir la société.

Le 15 octobre 1850, l'imprudence d'un propriétaire qui serait entré dans son magasin, une chandelle à la main, a livré aux flammes un hangar de cordier. Rien de ce qui s'y trouvait renfermé, toutes matières d'ailleurs très-inflammables, n'a pu être sauvé.

Ces quelques exemples devront suffire pour que chacun se tienne en garde contre des oublis qui peuvent avoir de si funestes conséquences.

A l'emploi des chandelles et des lampes, causes si fréquentes d'accidents irrémédiables, tous ceux qui ont des ateliers, tels que menuisiers, ébénistes, charrons, tourneurs, etc., feront bien de substituer l'usage des globes ouverts, qui présentent plus de sécurité, non-seulement pour la conservation de leurs marchandises, de leur mobilier, pour la préservation de leurs propres personnes, mais encore pour tout le voisinage, le quartier, la ville entière même, ou le village où ces ateliers se trouvent établis.

6

Quant aux magasins de bois à brûler, de charbons, de tourbes et autres, ils doivent être sévèrement relégués hors des villes, des villages, et toujours isolés.

C'est surtout à la campagne que les habitants ont l'habitude de déposer et d'entasser contre leurs bâtiments le bois de corde, fagots, ramilles, copeaux, tourbes et autres matières destinées au chauffage. Cela est très-imprudent et devient souvent une cause d'incendies, surtout quand les constructions sont situées aux abords de la voie publique.

Une main malveillante peut ainsi, aisément et sans être aperçue, mettre le feu à ces matières, même en plein jour; la facilité d'allumer les incendies est une tentation pour le crime et multiplie les désastres. Mais n'aurait-on pas à redouter les effets de cette infernale malveillance, que ces dépôts dont je parle offriraient encore de grands dangers. On peut s'incendier soi-même par un manque de précaution, par un de ces mille accidents que la prévoyance, même la plus attentive, ne peut pas toujours éviter.

Ces combustibles très-inflammables et placés sous l'égoût des toits ordinairement en chaume, à la porte pour ainsi dire des habitations où l'on fait du feu, sont un danger permanent qu'il serait sage de faire entièrement disparaître.

Les haies mortes servant de clôtures aux accins, vergers, maisons d'habitation, ou aux bâtiments d'exploitation rurale, et situées sur le bord des routes ou des chemins, ou même dans l'intérieur des bourgs et des villages, offrent aussi à l'inexpérience des enfants, à l'imprudence des fumeurs ou à la malveillance des hommes pervers, des occasions de grands malheurs.

Cette vérité a été démontrée tout récemment.

A Arcis-sur-Aube, le feu a été mis, le 23 novembre 1850, à une haie d'épines sèches entourant la maison et les magasins de M. Darblay. Des allumettes chimiques, trouvées à l'endroit où le feu a pris, attestent assez que l'auteur de ce crime avait compté sur la facilité de l'embrasement de cette haie pour la réussite de son attentat.

CHAPITRE XI.

Magasins et dépôts de fourrages et autres matières combustibles.

Il est plus que probable que parmi les sinistres qui viennent, en grand nombre, s'abattre sur les villes et les campagnes, en y portant les ravages et la désolation, beaucoup de ceux dont les causes occasionnelles restent inconnues peuvent être attribués à l'imprudence de personnes qui entrent avec de la lumière dans les granges, écuries, hangars, greniers et autres lieux servant de dépôt à des matières inflammables.

Les fermiers, hôteliers, aubergistes, cabaretiers, pour s'éclairer dans leurs écuries, étables, bergeries ou magasins à fourrages, ne doivent y pénétrer qu'avec des lanternes posées dans ces divers lieux, ou avec des lanternes portatives fermées aussi. Nous recommandons l'adoption des lanternes Hariot.

Les lanternes à demeure devront être placées dans des endroits pratiqués à cet effet, en maçonnerie à la base, au sommet et sur les trois faces latérales ou en briques, ou s'ils ne peuvent être qu'en bois ils devront être garnis en tôle, de manière que la lanterne, se trouvant assez élevée, éclaire suffisamment par l'ouverture qui sert d'introduction dans ce repère.

Ces lanterniers ou repères, pour offrir toutes les garanties de sécurité que je désire qu'ils donnent, devront avoir 25 centimètres de profondeur, 60 centimètres de hauteur, 30 centimètres de largeur au fond, et 60 centimètres à l'entrée, pour que la divergence des rayons lumineux éclaire suffisamment, et pour faciliter l'enlèvement des toiles d'araignées et des brins de paille qui pourraient s'y trouver. Le plafond de ces lanterniers devra toujours être garni de tôle, et cette garniture s'étendre de 10 centimètres au-dessus de l'entrée, si elle est au niveau du plafond de la grange, écurie ou autre lieu, et repliée sur le bord extérieur, si ce plafond est plus élevé.

En décembre 1796, le feu prit à la Trinité, commune de Cormost, au moyen d'une lanterne à la lueur de laquelle le sieur Braconnier, batteur, s'occupait à battre du grain dans la grange de M. Marsault. Un monceau de gerbes s'étant écroulé, couvrit cette lanterne, dont le feu, communiqué à la paille, se trouvait avivé par le mouvement que le batteur occasionnait en cherchant à retirer cette lanterne.

Malheureusement, le sieur Braconnier ne se détermina à appeler au secours que lorsqu'il désespéra de suffire seul à s'opposer aux ravages du feu. Il était alors trop tard, et la grange, avec ce qu'elle contenait, fut entièrement consumée. La perte fut de 7,000 fr. récoltes non-comprises.

Si contre toute prudence et en contravention des réglements, il arrive à quelqu'un de causer un accident, on ne doit pas attendre, pour appeler du secours ; un retard, même léger, pourrait le rendre inutile.

L'exemple de Braconnier doit suffire pour qu'on ne se hasarde plus ainsi à causer à soi-même et à autrui un dommage considérable.

En 1823, c'est dans la ferme de la Norroy, commune de Montaulin, que des enfants, par le moyen d'une lanterne par eux placée et oubliée dans un mauvais lanternier au-dessous d'un sinot, ont mis le feu et causé la perte des écuries, greniers et fourrages. Un bouc, qui poussait de lamentables cris, a péri dans cet incendie. Sans la promptitude des secours venus de Troyes, et l'arrivée de la pompe portative de M. Arson de Menois, venue la première, la ferme eût été totalement détruite.

Enfin , pour être d'un usage commode, rassurant et tout-à-fait préservatif, ces lanternes ne doivent être allumées qu'au moyen d'une autre lanterne, portative et fermée.

A Chervey , dans cette malheureuse commune, dont la population a été si long-temps décimée par la fièvre typhoïde, un incendie est venu ajouter ses horreurs au fléau de la maladie.

Le feu a pris naissance dans l'écurie du sieur Jolly, vers les six heures et demie du soir. Il s'est communiqué aussitôt aux combles, au milieu d'un amas de fourrages. En peu d'instants il a pris des proportions si considérables, qu'un horizon tout en feu a été aperçu dans le lointain et a mis en mouvement toutes les populations des communes environnantes, et même de pays fort éloignés.

Ainsi, il est presque certain que c'est par une lumière imprudemment portée dans cette écurie, que les habitants, déjà victimes d'une cruelle maladie , ont eu la douleur de voir leurs propriétés dévastées par un fléau non moins redoutable, le feu, qui est venu ajouter à la misère où étaient réduits les habitants de ce malheureux pays. Combien de familles, qui ont eu la douleur de perdre naguère leurs soutiens, se sont trouvées, à l'entrée de la saison rigoureuse de l'hiver, avec de nombreux enfants, sans pain, sans asile, sans aucune ressource.

Un monceau de ruines atteste les terribles ravages de l'incendie qui a dévoré, en quelques heures, dans la soirée du 30 septembre, quinze maisons d'habitation et une énorme quantité de mobilier, de grains et de fourrages de toute espèce.

Grâce à la présence de plus de vingt pompes, aux efforts d'une population nombreuse et dévouée, accourue de toutes parts au milieu de la nuit et de fort loin, et dont le zèle n'a cessé de croître en raison des difficultés éprouvées pour se rendre maître du feu ; ce sinistre n'a pu étendre plus loin ses ravages et faire un plus grand nombre de victimes.

Pendant plus de cinq heures, les travailleurs ont constamment approvisionné les nombreuses pompes qui versaient des torrents d'eau sur le foyer de l'incendie, et luttaient contre les flammes, menaçant d'envahir les bâtiments voisins.

Malheureusement, ces secours n'ont pas eu toute leur efficacité, parce que la petite rivière qui coule vers le bas du pays, se trouvant presque à sec, était insuffisante à l'alimentation de tant de pompes.

On nous a rapporté qu'un propriétaire,

voyant l'eau manquer dans un instant, n'a pas hésité à faire défoncer cinq muids de vin, et à en tenir encore quatre autres à la disposition des travailleurs.

Vers minuit seulement on a pu prendre un peu de repos, lorsqu'après des efforts inouïs on est enfin parvenu à maîtriser le feu.

Plus de quarante personnes, montées sur le toit d'une maison voisine de l'incendie, n'ont cessé d'éteindre, à l'aide de toutes sortes de moyens, les débris enflammés qui ne cessaient de tomber sur cette maison et au milieu d'elles-mêmes. Il a fallu toute l'activité de ces hommes pour préserver cette maison couverte en chaume, et qui serait devenue un nouveau foyer d'incendie, car elle touchait à un groupe considérable de maisons aussi couvertes en chaume.

Le presbytère est resté seul debout au milieu des bâtiments réduits en cendres. Un seule des maisons incendiées avait un toit en tuiles.

La perte, qu'on évalue à plus de quarante mille francs, se répartit entre vingt-neuf propriétaires. La plupart, épuisés par la maladie, sont réduits aujourd'hui à l'indigence.

La compagnie des sapeurs-pompiers de Bar-sur-Seine, avertie par la générale, se dirigea aussitôt vers le côté indiqué par la rougeur dont s'empourpraient les nuages : elle fut bientôt suivie par les autorités, par une foule d'habitants, et M. le sous-préfet se rendit aussi l'un des premiers sur le lieu du sinistre.

Tout le monde a fait son devoir dans cette triste circonstance. Chacun a rivalisé de zèle et de dévouement pour venir au secours des malheureux incendiés et pour transporter les malades loin du foyer de l'incendie.

On nous a signalé particulièrement le lieutenant de sapeurs-pompiers de Chervey qui, victime lui-même de cette calamité, en proie à la douleur d'avoir eu tout son mobilier anéanti par les flammes, n'a cessé de conserver son sang-froid et de montrer le plus grand courage. Il s'est écrié : « Maintenant que j'ai tout perdu, je dois me dévouer tout entier à mes con-citoyens ! »

On a aussi remarqué le nommé Edme Louis, dit *Gros-Sou*, de Bar-sur-Seine, qui est resté constamment dans l'eau, alimentant seul deux chaînes pendant plus de quatre heures.

Tous les ecclésiastiques des communes voisines, ceux de Bar-sur-Seine, ainsi que les frères de l'école chrétienne, étaient présents sur le lieu du sinistre. M. le sous-préfet, les autorités de Bar-sur-Seine ont beaucoup contribué au maintien du bon ordre et à la bonne organisation des secours.

Nous apprenons que la compagnie des sapeurs-pompiers des Riceys s'était mise en marche, avec sa pompe, dès l'apparition de l'incendie, mais qu'elle a été forcée de rétrograder lorsqu'elle eut reconnu l'éloignement du sinistre.

Il en a été de même à Gyé-sur-Seine, où les sapeurs-pompiers, n'ayant pu trouver de chevaux dans le pays, s'étaient attelés eux-mêmes pour conduire la pompe à bras, et qui, bientôt épuisés de fatigue, furent forcés de revenir dans leur commune.

CHAPITRE XII.

Feux allumés sur les places publiques.

Il existe, dans un assez grand nombre de villes, et dans presque tous les villages de France, une coutume extrêmement dangereuse, et qu'il est de la prudence, du devoir même de chaque dépositaire de l'autorité, d'interdire absolument, s'il est possible, ou du moins de réglementer de manière à en atténuer les inconvénients : je veux parler de l'habitude de brûler des porcs, dans les cours, devant les portes des habitations, dans les rues ou sur les places publiques.

Cet usage doit être proscrit, parce qu'il peut donner lieu à des sinistres, par la facilité avec laquelle le moindre vent peut enlever et pousser au loin des brins de paille enflammés qui, en tombant sans qu'on s'en aperçoive sur des débris de paille ou autres matières combustibles, si fréquemment éparses dans les villes agricoles et dans les communes, peuvent se nourrir sourdement et éclater inopinément.

Si la disposition des lieux et un usage trop invétéré s'opposent à l'abolition absolue et immédiate de cette coutume, il serait bon, au moins, qu'à l'exemple de l'administration municipale de Troyes, les endroits où devra avoir lieu cette opération de brûler les porcs fussent désignés.

Mais si l'interdiction de cet usage, en apparence fondé sur la nécessité, est utile, ou même indispensable en vue du danger dont il est la cause et l'origine, à plus forte raison doit-il être défendu de brûler des monceaux de paille, paillasses, ou autres choses quelconques; de laisser des enfants se livrer à ces actes dont ils font un jeu si dangereux pour eux et pour les autres, et que l'imprudence, l'irréflexion si naturelle à leur âge, imposent le devoir de leur interdire absolument.

Si ces feux, qu'une nécessité apparente mais contestable, doivent disparaître des habitudes des populations, il est d'une urgence bien reconnue que les feux de joie doivent être défendus, quel qu'en soit le prétexte.

Je me ressouviens qu'à Torvilliers, en 1845, des enfants qui s'amusaient autour d'un feu de joie allumé ou entretenu par eux, ont causé un sinistre qui, avec tous ceux dont il serait inutile ou trop long de dresser ici la liste, doit servir d'exemple et d'avertissement.

7

Je joins ici l'exemple d'une petite fille qui, à Meudon, commune très-populeuse, à deux lieues de Paris, est morte, en 1849, victime de ce jeu imprudent. Elle dansait avec d'autres enfants autour d'un feu de paille dans lequel elle est tombée, et qui, en s'attachant à ses vêtements, l'a fait périr misérablement.

Si contre toute vraisemblance, surtout contre toute prudence, quelqu'un se trouve dans la nécessité d'allumer un feu sur une place publique, ou même dans l'intérieur d'une cour, il ne le doit faire qu'après en avoir prévenu l'autorité ou la police locale, dont il devra obtenir l'autorisation, et se conformer à toutes les prescriptions qui lui seront faites à ce sujet.

Ces opérations ne peuvent être prudemment faites que de jour et seulement à 90 ou 100 mètres de distance des habitations ou autres bâtiments, des bois, bosquets, vergers, meules de foin, de paille, etc., etc.

Toutes personnes qui, après en avoir obtenu l'autorisation, auront allumé de ces feux, ne devront quitter la place où elles les auront faits, qu'après s'être assurées qu'ils sont entièrement éteints.

Mais il sera toujours plus convenable à une bonne police, à une sage administration, il sera toujours d'une louable pru-

dence de ne jamais tolérer cet usage abu-
sif, expose tant de monde et compro-
met tant d'intérêts.

CHAPITRE XIII.

Visite des fours et cheminées.

C'est la loi du 16-24 août 1791 qui
confie aux maires le soin de prévenir, par
des précautions convenables, les accidents
et les fléaux calamiteux, tels que les incendies, etc. Le ramonage des fours et des
cheminées est donc un des objets sur lesquels leur surveillance doit le plus particulièrement s'étendre et s'exercer.

Mais ce n'est que par des visites périodiques, faites avec le plus grand soin, que
l'autorité municipale peut avoir l'assurance que cette opération a été faite convenablement.

Cette mesure est même formellement
prescrite par l'art. 9 du titre 2 de la loi
des 28 septembre et 6 octobre 1791.

Mais il faut faire observer ici que le maire
ne peut légalement confier la visite des fours

et des cheminées à des agents, ou à des personnes qui ne seraient pas revêtues d'un caractère public et seraient par conséquent sans qualité pour se présenter chez les particuliers, et alors ces derniers auraient incontestablement le droit de leur refuser l'entrée de leurs maisons.

D'un autre côté, les gens de l'art qui opéreraient cette visite ne pourraient faire aucune injonction, aucune défense aux habitants. C'est donc un officier municipal, accompagné, s'il est nécessaire, d'un architecte ou d'un maçon, qui doit faire la visite, et constater, par un procès-verbal, les vices reconnus existants.

Il est donc bien établi que la visite des fours et des cheminées ne peut être faite par des agents subalternes, seuls, ou encore par des gardes-champêtres. Le maire, l'adjoint ou le commissaire de police sont seuls compétents dans ce cas, et le maire a le droit d'ordonner la démolition des fours et des cheminées constatés en mauvais état, mais il n'a pas le droit d'obliger à les reconstruire.

Nous aimons à appuyer les mesures prises habituellement et celles que nous proposons par des exemples. M. Mérat, étant maire de Moussey, faisait cette visite régulièrement deux fois par an, accompagné dans la première, à l'entrée de l'hiver, par son adjoint, un maître maçon et un maître ramoneur, qu'il faisait venir exprès de Troyes. Dans cette visite, ce magistrat, plein de sollicitude, ne se bornait pas à regarder au contre-cœur des cheminées; mais il examinait et faisait examiner, par les hommes de l'art, les cheminées dans leur entier, et le cas échéant, les faisait ramoner immédiatement. Il apportait un soin extrême à l'état des fours et fournils; il profitait de cette visite pour se rendre compte de l'état de construction des puits, et s'ils étaient bien pourvus de poulies, cordes et seaux; il entrait dans les écuries et les étables pour voir si elles avaient des lanterniers, et demandait à voir les lanternes; il montait dans les greniers pour examiner si les tuyaux des cheminées étaient lézardés, et comment les dépôts de paille ou autres matières combustibles étaient disposés, et s'ils étaient en contact avec cesdits tuyaux, il exigeait qu'ils fussent éloignés au moins d'un mètre. Il faisait alors ses recommandations et ses prescriptions. Quinze jours après, ou environ, il revenait s'assurer si l'on avait tenu compte de ses avis ou de ses ordres.

Dans la deuxième visite, il procédait de même, et vérifiait de nouveau l'état des choses.

Nous proposons donc qu'il en soit fait de même partout.

Mais pour que ces visites soient efficaces, nous pensons qu'il serait à propos que le maître maçon qui accompagne le maire ou son délégué, fût notoirement connu comme capable, ou soumis à une sorte d'examen; il devrait résider à huit kilomètres au moins de distance de la commune où il est appelé, afin de n'y avoir aucun intérêt de parenté ou de liaison qui puisse faire soupçonner son impartialité : il devrait être changé chaque année. Il est bien entendu que les communes pourvoiraient aux dépenses occasionnées par ces mesures.

Le sergent sapeur-pompier préposé à la garde de la pompe devrait toujours accompagner ceux qui feraient cette visite. En prenant connaissance de l'état des localités, ce sergent garde-pompe serait, en cas de sinistre, toujours plus propre que tout autre à donner des renseignements sur la situation des lieux, des puits, etc., et être d'une grande utilité pour l'attaque et la compression du feu.

Cette visite des fours et des cheminées a une importance qu'on ne saurait méconnaître; elle seule peut donner le moyen de reconnaître si les propriétaires s'acquittent de l'obligation que leur impose la loi d'entretenir constamment, en bon état, les cheminées et tous les tuyaux conducteurs de la fumée.

L'autorité départementale fait de cette mesure l'objet de prescriptions annuelles, et les autorités municipales, à en juger par le zèle de celles de nos villes et de la plupart de nos communes rurales, les publient et s'y conforment avec assez d'exactitude.

Mais j'ai lieu de considérer comme n'étant pas suffisante une seule visite chaque année. Cette opération doit être faite, à la rigueur, au moins deux fois; une première à l'entrée de l'hiver, la deuxième après cette saison. Il est très-essentiel aussi que ce soient par des hommes de l'art, par des maçons surtout, que les administrateurs municipaux et les commissaires de police se fassent assister pour faire cette visite, ainsi que le veut la loi du 6 octobre 1791, et que le prescrivent les instructions de l'autorité supérieure.

Pour que cette visite atteigne son but d'utilité, il faut qu'elle soit sérieuse, c'està-dire faite non d'une manière superficielle, mais très-attentivement; que, par un examen scrupuleux, l'homme de l'art s'assure que les cheminées et toutes les voies conductrices de la fumée ont été non-seulement bien ramonées, mais encore qu'elles sont dans un tel état de construction, de solidité, de disposition et de réparation qu'elles ne puissent pas occasionner d'incendies ou d'autres accidents.

Ce n'est pourtant pas toujours, malheureusement, avec ce soin minutieux que s'opèrent les visites des fours et des cheminées. Il est arrivé plus d'une fois que des défauts de construction ou l'état de délabrement de ces conduits de la fumée, ayant échappé à des yeux trop peu attentifs, trop peu exercés et quelquefois rendus indulgents par des considérations personnelles, il est arrivé, dis-je, que le feu a pris naissance dans un corps de cheminée, ou autre conduit en mauvais état; que de là il s'est communiqué à des parties avoisinantes, et qu'enfin ont éclaté des sinistres qui auraient pu être prévenus par une simple mesure de police administrative exécutée sous les conditions où elle doit l'être.

La loi précitée du 28 septembre et du 6 octobre 1791, en disant que cette opération « devra avoir lieu au moins une fois par an » n'a pas interdit la faculté d'y procéder plus souvent; elle ne contredit en rien les prescriptions de celle du 26 pluviôse an VIII, qui attribue aux maires le soin de prendre toutes les mesures convenables contre les fléaux calamiteux; elle ne la restreint pas. Ainsi, en multipliant ces visites, on ne dépassera pas la loi, on ne fera qu'user de la latitude qu'elle offre. Il est donc bien désirable que les ordres de l'autorité supérieure viennent combattre l'incurie des particuliers, seconder la vigilance des officiers municipaux et même la provoquer.

Aussi est-ce en vue de ces considérations que, généralement, dans les grandes villes, la visite des fours et des cheminées a été l'objet de sages prescriptions qu'il serait très-facile et surtout très-utile de voir adopter dans les communes rurales, au moins dans les dispositions applicables à ces localités.

C'est ainsi qu'à Troyes, ceux qui viennent pour y exercer la profession de ramoneurs doivent se faire inscrire au bureau de police; ils reçoivent un bulletin qu'ils sont tenus de représenter à toutes réquisitions. Ils doivent aussi porter ostensiblement une médaille de cuivre destinée à faire connaître qu'ils sont dûment autorisés par la municipalité.

Les habitants des villes, faubourgs et villages du département sont tenus de faire ramoner les cheminées de leurs maisons, ou des logements qu'ils occupent, au moins deux fois par année.

A Troyes, l'époque des visites, pour les cheminées d'appartements, est fixée entre le 15 octobre et le 1er décembre, et du 1er au 15 février.

Pour les cheminées de cuisines, de fours et de fourneaux, la visite et le ramonage doivent avoir lieu tous les trois mois.

Il n'est pas moins utile et il est prescrit de faire le nettoyage des poëles et autres calorifères, au moins deux fois pendant le cours de l'hiver.

Indépendamment des visites particulières que le service public peut exiger, MM. les commissaires de police, assistés d'un maître maçon ou d'un maître ramoneur, procèdent encore, le 2 novembre et le 2 février, à des visites générales.

Les procès-verbaux des contraventions constatées sont remis entre les mains de l'autorité compétente, pour qu'il y soit donné suite, suivant l'opportunité.

S'il existe dans la cheminée des croûtes de suie concrétionnée que le ramoneur ne puisse détacher, les visiteurs, officiers municipaux ou commissaires de police doivent faire constater, par un expert, si la cheminée peut, ou non, résister à l'action du feu ; et s'il est jugé nécessaire, il sera procédé au nettoiement de cette cheminée en la manière qui sera indiquée par l'expert. Il devra, dans ce cas aussi, être interdit au propriétaire ou au locataire d'y faire du feu avant qu'elle ne soit remise en bon état, et il devra la faire réparer sans délai.

S'il n'est pas tenu compte de cette défense et qu'il soit passé outre, l'autorité municipale de Troyes fait immédiatement procéder à la fermeture de la cheminée, à la diligence des commissaires de police et aux frais, bien entendu, des propriétaires ou locataires délinquants.

Pendant la visite des fours et des cheminées, les personnes qui en sont chargées doivent procéder à celles des poëles et des calorifères.

Alors elles constatent si les tuyaux de ces appareils sont posés conformément aux prescriptions des règlements de police, et de manière à ne pas faire concevoir de craintes ; elles prescriront ce qui doit être fait pour sauvegarder la sécurité publique et privée. Les mesures qu'elles prescriront seront exécutées à leur diligence et sans délai.

Dans le cas de refus d'obtempérer à ces injonctions, ou dans le cas où le danger serait imminent, les commissaires ou autres agents chargés de cette inspection feront démonter les poëles aux frais des récalcitrants.

Si les propriétaires ou locataires forment des oppositions, le maire, auquel il en devra être référé, statuera ce que de droit et sans délai.

A Troyes, il est pourvu, par un tarif contenu au réglement, au prix du ramonage, suivant l'étage où sont situées les cheminées. Les maîtres ramoneurs ne peuvent refuser à ceux qui les emploient des certificats constatant qu'ils ont fait ramoner leurs cheminées pour leur compte.

Ces mesures, d'une sage police, me paraissent applicables partout, et propres à éviter des contestations et aussi à constater le ramonage.

Il serait prudent, pendant le cours de cette visite, que ceux qui en sont chargés s'informassent exactement si tous les ustensiles du fournil sont complets et en bon état, et s'ils sont habituellement déposés dans un endroit présentant toutes les garanties désirables de sécurité.

Toutes les personnes qui ont des fours doivent donc être pourvues d'une boîte de forte tôle fermant bien hermétiquement, et avoir soin, quand ils viennent d'y déposer de la braise rouge, de tenir cette boîte isolée des parvis en pan de bois et de toute matière combustible.

Cette précaution, peu dispendieuse, est trop souvent négligée, surtout à la campagne, où il se trouve des femmes qui déposent leur braise dans de vieilles tonnes, quelquefois même dans un endroit du grenier ou basse-goutte, se contentant de les couvrir de cendres. Tous ces moyens sont non-seulement imprudents, peu surs ; mais ils sont dangereux, et la cause ignorée bien souvent de malheurs irréparables.

J'extrais d'un journal du département, du 13 juillet 1850, la lettre suivante :

« Chalette, le. . . . . . . 1850.

» Un incendie dont la cause est attribuée par les uns à la négligence qui aurait fait laisser de la braise mal éteinte près de matières combustibles, vient de désoler notre commune.

» Le sinistre, qui s'est manifesté entre 2 et 3 heures de l'après-midi, a pu faire des progrès et exercer ses ravages, non sans obstacle ; mais en dépit de tous les efforts jusqu'à 7 heures qu'il a été non-seulement comprimé, mais éteint.

» Les habitants des communes environnantes sont accourus avec un louable empressement ; mais à ce moment chacun étant occupé dans la campagne, les secours ont été tardifs.

» Les pompiers de Baroville et de Fontaine sont arrivés, au pas de course, vers les 6 heures du soir, assez à temps pour soulager les travailleurs accablés de fatigues.

» Six ou sept maisons ont été la proie des flammes, ainsi que les mobiliers et les récoltes qui étaient alors rentrées.

» On estime la perte approximativement à 40,000 francs, etc.

» Un de vos abonnés incendié. »

C'est aussi pendant le cours de la visite des fours et des cheminées qu'il doit être aussi procédé à la constatation du bon état de construction et d'entretien des puits, et s'ils sont convenablement pourvus de cordes et de seaux.

Lorsqu'à la suite d'un feu de cheminée il aura été constaté par enquête que le feu a pris dans cette cheminée, ou dans un poële, faute d'avoir été convenablement nettoyé, les habitants des logements où le feu aura eu lieu, seront, conformément aux lois générales et aux réglements de police, poursuivis devant le tribunal compétent.

Les agents de l'autorité préposés à cette visite ne sauraient y apporter trop de soins et même de sévérité.

Si le four des époux Hugot, habitants de la commune d'Eaux, eût été visité avec soin, des réparations convenables auraient été exécutées, et on n'aurait pas eu à déplorer la fatale catastrophe que j'emprunte aux journaux du pays.

Le sieur Hugot et sa femme avaient, le 3 juin 1849, marié leur fille par-devant l'autorité municipale, et devaient le lendemain faire bénir cette union par le ministre de la religion.

La mère de la mariée, en prévision des fêtes nuptiales de sa fille, faisant quelques préparatifs de festin, chauffa deux fois dans la journée un four en mauvais état, d'où le feu s'est soudainement communiqué à la maison.

Le soir, vers les dix heures, l'incendie se déclara avec tant de violence, qu'en moins de quelques instants, et par suite de l'affaissement du toit, ces braves gens se trouvèrent ensevelis sous des décombres fumants, et asphyxiés presque sur-le-champ. Les trois cadavres, retrouvés le lendemain, ne présentaient aucunes traces de brûlures.

On doit, comme toujours, les plus grands éloges aux pompiers d'Auxon et à ceux de la section d'Eaux, dont quelques-uns, au péril de leur propre vie, ont tout fait pour combattre le fléau et sauver les trois malheureuses victimes d'une impardonnable négligence.

A toutes les causes de dangers plus ou moins connues que j'ai énumérées, il faut en joindre un grand nombre d'autres qui, pour ne pas occasionner de sinistres fréquents par leur développement, n'en sont pas moins réels.

J'en citerai quelques-unes :

J'ai vu du fumier où la chaleur concentrée par la fermentation des matières qui le composent, et par les rayons du soleil rendus plus actifs à travers le verre des cloches de jardiniers, embrasait les brins de paille sèche ou autre menue matière qui se trouvait comprise dans l'espace couvert par la cloche. Ce doit donc être là un objet de la surveillance des personnes intéressées.

Il n'est pas jusqu'à la mauvaise manière d'enfumer les abeilles, pour avoir leur miel, qui ne devienne un risque de désastre par le feu, puisque quelques étincelles peuvent s'attacher aux ruches rendues plus combustibles par la cire dont elles sont enduites.

Nous avons lu, dans un journal d'un département voisin, qu'un habitant d'une commune dont nous regrettons de ne pouvoir donner le nom, a causé un incendie si considérable que la presque totalité du village en a été la proie.

Nous répéterons ici ce que nous avons déjà dit plusieurs fois, que MM. les maires sont investis d'une autorité suffisante pour prescrire les mesures propres à sauvegarder la sécurité de tous, ou à interdire tout ce qui leur paraît propre à la compromettre.

Il est d'ailleurs de l'intérêt des personnes qui se livrent à l'agriculture de ne point enfumer leurs abeilles. Ce moyen les fait périr. Ne vaudrait-il pas mieux, comme cela se fait dans la Côte-d'Or et dans d'autres départements, et comme on le pratique déjà dans quelques localités de l'Aube, employer le moyen dit : *couper les abeilles*. Nous renvoyons nos lecteurs à l'excellent ouvrage : *La maison Rustique.*

Lorsqu'il s'agit de l'échenillage, des personnes emploient le feu pour détruire les chenilles qui infestent les branches. Ce moyen doit absolument être interdit par MM. les maires qui sont chargés de surveiller cette opération.

Une femme de la commune de Thieffrain, en se servant de ce procédé pour détruire les chenilles, a mis le feu à un arbre ; en couvant sourdement, il s'est nourri jusqu'au moment où il éclata. L'incendie s'est propagé de proche en proche, et, malgré tous les efforts réunis des habitants, la plus grande partie des maisons du pays a été totalement consumée.

On voit souvent des personnes qui, après avoir préparé pour leurs vaches un mélange de légumes et d'herbages, portent cette préparation au bétail dans la chaudière même dont elles se sont servies et dont le fond, souvent garni de suie, retient des étincelles, causes possibles de grands malheurs.

En effet, les étables où ces vases sont posés momentanément, sont remplies de paille ou de foin, qui offrent au feu un aliment facile.

Là c'est une mère qui dépose dans le lit de ses enfants des briques brûlantes pour les réchauffer, et qui voit tout-à-coup les draps prendre feu, le lit s'enflammer, et ses enfants devenir victimes d'un zèle que la prudence n'a pas accompagné.

Ailleurs, c'est une famille réunie autour du foyer, sous les cendres duquel on a mis des marrons cuire, et qui, en ayant oublié quelques-uns qui n'avaient pas été incisés, les entendent faire explosion et les voient lancer sur les meubles voisins des éclats de feu qui ont failli coûter la vie aux enfants endormis.

Nous avons déjà vu ailleurs ce que les chaufferettes ou couvets peuvent causer de malheurs; je rappellerai ici qu'on ne doit jamais placer de couvets dans les voitures. Les accidents causés par cette coutume sont trop nombreux pour qu'on vienne me reprocher d'être trop minutieux dans mes recommandations.

En 1820, Mme Chandellier, femme de confiance chez M. Ferrand, à Baires, se rendant en voiture à Troyes, avait pris un couvet avec elle. Le feu prit à ses robes, et sans le secours d'un homme qui l'accompagnait, elle eût infailliblement péri victime de cette imprudence.

Un accident bien malheureux vient tout récemment d'arriver par suite de cette déplorable habitude.

Une jeune femme, Mme Bergaut, reconduisait, en février dernier, chez sa mère, à Brandonvilliers (Haute-Marne), sa sœur malade. Elle avait dans sa voiture un couvet trop rempli de charbon : ce charbon, activé par un grand vent, mit le feu aux vêtements de l'une des deux femmes, puis aux robes de l'autre. Malgré les efforts de ces deux personnes, le feu a dévoré en peu de temps son lit, des vêtements et la paille que contenait la voiture. Voyant leurs efforts inutiles, les deux sœurs voulurent, en se sauvant, échapper au danger qui les menaçait. C'était donner au feu une plus grande activité. Bientôt la femme Bergaut eut ses vêtements consumés jusqu'à la ceinture, et elle mourut après dix-huit heures de souffrances atroces. Quant à sa sœur, qui avait eu moins à souffrir de la violence du feu, elle a été réduite cependant à un état qui donnait de sérieuses inquiétudes.

Combien de mille autres causes, dont le détail me conduirait à écrire de gros volumes, ne pourrais-je pas ici rapporter?

Le bon sens de mes lecteurs, leur propre intérêt, la fortune, la santé des êtres qui leur sont chers, leur font un devoir de ne rien négliger pour soustraire à la ruine, par le feu, de la chaumière paternelle, du mobilier gagné à force de travail et de sueur, aussi bien que la somptueuse demeure du riche héritage légué par les ancêtres. Tous sauront se prémunir contre ce malheur privé qui ruine les familles, et contre ces calamités publiques qui détruisent aussi quelquefois, avec les monuments, les trésors des arts et de l'industrie dont ils sont les dépôts précieux.

Que chacun se pénètre de ma pensée, que chacun frémisse comme moi de ces dangers, de ces désastres, et s'environnant de précautions faciles, veillent avec une attention soutenue, on parviendra ainsi à rendre beaucoup moins fréquents ces malheurs qui frappent aussi bien le pauvre isolé que le riche entouré de serviteurs.

Je terminerai par deux exemples qui appuieront cette dernière assertion :

En 1816, un jeune prince, beau, riche,

déjà élevé à de hautes dignités militaires, avait contracté avec une épouse digne de lui une alliance que tout faisait présager heureuse, brillante, enviée.

La nuit, un bal devait voir les époux embellir les splendeurs de la cour de leur présence. Le prince de Léon attendait la princesse. Celle-ci, parée, attendait le retour d'une camériste qui devait peut-être ajouter un de ces mille riens à la toilette de sa maîtresse. Hélas ! la gaze légère de la robe de fête est attirée par la flamme du foyer devant laquelle se tenait la princesse. Le feu atteint l'étoffe voltigeante qui s'embrase ; la langue de feu s'étend et se replie, bientôt la princesse effrayée est enveloppée d'un brûlant tourbillon. Elle sonne, elle appelle ; on accourt, on la trouve évanouie, mourante ! Elle meurt dans d'horribles souffrances aux yeux de son époux désespéré, au milieu des siens éperdus et de son monde consterné.

Monseigneur de Boulogne, évêque de Troyes, d'heureuse et illustre mémoire, brûla un lit magnifique ; il faillit incendier la maison de M. Levasseur, son hôte, à Ricey-Bas, s'exposant à être lui-même victime d'une mauvaise habitude que les hommes studieux se pardonnent trop aisément.

Monseigneur lisait au lit. Il fut arraché à ce danger par le zèle des gens de la maison.

Nous avons vu, dans un chapitre précédent, qu'une malheureuse jeune femme, qui se trouvait seule, périt misérablement par cette impardonnable imprudence.

CHAPITRE XIV.

Feu du ciel. — Paratonnerre.

Parmi les nombreux sinistres qui, dans notre département, ont ajouté aux désastres du feu que l'imprudence, la négligence ont occasionnés, une partie est due à la foudre.

Cette cause, contre les effets de laquelle l'homme a été long-temps sans défense, occasionnera toujours, et malheureusement, des événements déplorables. Cependant, il est un moyen qu'il n'est plus permis d'ignorer, dont l'emploi, s'il n'est encore à la portée de toutes les bourses, peut être mis en pratique par les propriétaires aisés, qu'à l'exemple de l'Etat et des grandes administrations, les autorités locales des plus humbles communes doivent s'empresser de mettre en usage.

Les progrès de la science, la découverte du savant et modeste Franklin, en nous dotant du paratonnerre, ont donné un moyen de diminuer le nombre des incendies qui ont lieu par la chute de la foudre.

Aussi nous pensons que MM. les maires devraient toujours porter au budget une allocation destinée à procurer à leur commune le précieux avantage d'armer, contre les dangers de l'électricité, un ou deux, ou même tous les édifices publics, suivant l'importance et l'étendue de la localité.

Ainsi, le clocher de l'église, la maison commune, l'école, le dépôt de pompe peuvent et doivent être armés de paratonnerres.

Cette dépense ne doit pas faire hésiter, en raison des immenses avantages qui en sont la suite, et parce que dans les communes rurales il arrive souvent que l'église seule aura besoin d'être pourvue de cet appareil, les autres établissements publics, la mairie, l'école, etc., se trouvant assez souvent réunis dans un seul bâtiment, ou groupés et à l'abri du feu du ciel par leur peu d'élévation.

MM. les architectes, les entrepreneurs de constructions devront avoir le soin de placer ces appareils à des distances convenables, pour qu'ils ne se nuisent pas, et de manière à ce que l'action de chacun s'exerçant dans toute l'étendue de sa sphère d'activité, ne nuise en rien à celle de l'appareil voisin.

Sous le comitat de Thibaut-le-Trouvère, la ville de Troyes vit un de ses enfants, Hervé, son soixantième évêque, né dans un coin du diocèse, jeter sur les fondements de la vieille cathédrale les fondations d'une nouvelle et plus vaste église. Ce chef-d'œuvre, si bien décrit par la plume de M. l'abbé Tridon, n'est ici mentionné que pour déplorer la perte du clocher dont « la flèche lancée à 324 pieds » dans les airs était l'étoile polaire de » nos bons aïeux ; du clocher qui a disparu, le 8 octobre 1700. La foudre, en » un instant, l'enlevait, pour la huitième » fois, à l'admiration de nos pères et à » l'avenir de leurs enfants. » (*Notice par M. l'abbé* Tridon). Un homme périt, dans cette circonstance, atteint par le tonnerre.

En 1761, c'est la flèche de Saint-Urbain qui s'écroule sous les coups de la foudre et laisse dépouillé de sa flèche élégante le monument dont avait doté sa ville natale l'humble fils du cordonnier Courpalais, devenu l'égal des rois.

Je ne multiplierai pas les exemples;

mais en disant que les flèches de Saint-Pierre et de Saint-Urbain auraient sans doute été préservées de cette ruine, si le paratonnerre eût été connu à cette époque; je dirai que si la commune de Cunfin, une des plus riches du département, eût eu son église ou sa mairie armée d'un paratonnerre, elle n'aurait pas à déplorer la ruine d'une maison frappée de la foudre en 1848.

Mais si les habitations riches et luxueuses doivent être l'objet de toutes les précautions possibles et surtout de celle du paratonnerre, pourrait-on négliger de mettre sous la protection de ce moyen si simple, ces vastes fermes, ces granges, qui recèlent les richesses dues à la fertilité du sol, secondée du travail incessant des laboureurs, et même quelquefois arrachées à une terre ingrate à force de sueurs et de travaux si pénibles ; ces étables, abri des animaux compagnons des travaux de l'homme, et qui sont une de ses richesses. Cependant, que de fermes encore sont sans défense contre l'orage ; que de fois le feu du ciel a frappé ces magasins, et, en les consumant, a ruiné des familles entières et privé de leur pain de nombreux ouvriers !

Il existe encore, dans certaines localités, parmi quelques populations, une habitude pernicieuse fondée sur une croyance respectable dans son principe, mais funeste dans son application ; je veux parler de la coutume de sonner les cloches pendant l'orage, alors que des nuages, chargés d'électricité, pèsent sur l'atmosphère et s'arrêtent au-dessus d'un village, attirée par la pointe du clocher que surmonte toujours une croix en fer. Cette coutume est fondée sur cette opinion, que l'ébranlement des couches d'air environnant le clocher, et causé par la vibration du corps sonore, dissipe la nue et conséquemment éloigne le danger. C'est une erreur qui a souvent causé des catastrophes qui n'eussent pas eu lieu si on eût laissé les choses suivre leur cours naturel. La chute de la foudre, est, au contraire, toujours déterminée par cet ébranlement, et il en résulte nécessairement, et presque toujours, un incendie. Souvent aussi les imprudents qui ont pour ainsi dire provoqué ces malheurs sont les victimes de leur ignorance.

C'est aux autorités locales à prévenir les effets de l'obstination née de préjugés invétérés, en défendant absolument que les clefs du clocher soient remises en d'autres mains que celles des personnes qui les doivent avoir sous leur surveillance et en celle de MM. les ecclésiastiques. Cette mesure est indispensable, puisque la cloche étant destinée à rassembler la population, soit pour les cérémonies du culte, soit dans les calamités, il ne doit être permis à personne de provoquer ces rassemblements au moyen de signaux publics que par l'ordre de l'autorité légale et sous sa responsabilité.

C'est aux instituteurs, surtout, qu'il appartient d'inculquer dans l'esprit des enfants les dangers d'un tel préjugé.

CHAPITRE XV.

Assurances. — Lois. — Réglements.

Nous avons dit ailleurs que les assurances, par leur multiplicité, leur rivalité, la facilité de leurs agents, étaient par nous considérées comme une cause fréquente de sinistres qui ont souvent les suites les plus déplorables. Avant de développer les raisons qui servent de fondement à cette opinion, nous croyons qu'il est utile de parler du contrat d'assurance, de sa nature et de ses effets. L'assurance étant un moyen réparateur des pertes causées par l'incendie, nous regardons cet objet comme entièrement lié à la matière de cet ouvrage, comme une de ses parties intégrantes.

L'assurance, dans l'acception la plus étendue, est un contrat par lequel une ou plusieurs personnes s'engagent envers une ou plusieurs autres, moyennant un prix convenu, à la garantir contre des risques déterminés. Le contrat d'assurance se fonde sur trois choses essentielles :

1° Un objet ou des objets assurés ;

2° Les risques à courir ;

3° Une prime ou un prix à payer pour ces risques.

La police d'assurance est l'acte qui constate les conventions : l'assureur est la personne qui garantit contre les risques : l'assuré est celui qui est garanti contre les risques ; la prime est le prix payé par l'assuré à l'assureur.

Les contrats d'assurance sont généralement soumis aux mêmes règles que tous les autres contrats.

En matière d'assurance, la jurisprudence se fonde, par analogie, sur les règles d'assurances maritimes, quand les cas paraissent s'écarter des règles et coutumes dont nous allons donner ici les principes généraux.

Puisque l'assurance est un contrat de garantie, il s'ensuit nécessairement que tout ce qui est soumis à des risques et que

l'on peut garantir, peut devenir l'objet de
cette sorte de contrat. Dès-lors, une condition essentielle de l'assurance est que
l'assuré soit propriétaire de la chose garantie, ou qu'à un titre dont il soit tenu
de justifier il ait à la conservation de cette
chose le même intérêt que le propriétaire;
sinon, l'assurance pouvant être et étant
considérée comme un jeu, une gageure, la
loi ne donne aucune action en cas de con-
testation. Ainsi, un dépositaire ne peut
faire assurer, en son nom, l'objet déposé.
Un usufruitier, au contraire, qui a un intérêt dans la propriété; un créancier hy-
pothécaire qui a intérêt à la conservation
de son gage, peuvent faire assurer l'objet
grevé d'usufruit ou d'hypothèques. (Cour
de Colmar, arrêts du 27 juin 1823 et du
25 août 1826. Voyez Sirey, Code civil,
articles 1119, 1375, 617.)

On ne peut faire assurer une chose qui
l'est déjà, mais on peut faire sur le même
objet plusieurs assurances partielles dont
la somme ne doit pas excéder la valeur
totale de la chose assurée. Les assureurs
sont tenus jusqu'à concurrence de la valeur de l'objet assuré, suivant l'ordre de
date de leurs polices. (Code de commerce,
art. 359.)

On peut faire assurer, par divers assureurs, les différents risques que court une

chose. Par exemple, par l'un les risques de guerre, par l'autre les risques du feu. On peut faire assurer la prime d'assurances. (Code de commerce, art. 342.)

Il est interdit de faire assurer des bénéfices incertains, éventuels. (Code de commerce, art. 342.)

Les risques à la charge de l'assureur sont ceux qu'on peut prévoir d'après la nature des choses. Ainsi, l'assurance contre l'incendie comprend aussi bien le cas d'incendie par suite de l'invasion de l'ennemi, que par un accident de la vie privée, ou par le feu du ciel, ou par la malveillance.

Mais il faut que ces événements soient indépendants de la volonté des contractants ; qu'ils ne changent rien dans les chances prévues et indiquées. Une maison assurée ne doit pas être employée à un usage qui augmenterait les chances d'incendie.

On doit à l'assureur de lui faire connaître avec une entière bonne foi tout ce qu'il lui importe de savoir pour apprécier l'étendue des risques. Toute fausse déclaration entraîne l'annulation du contrat, sans préjudice de l'action criminelle, résultat du dol. (Code de commerce, art. 348, 365, 366, 367 et 368.)

Le contrat d'assurance ne fixe pas nécessairement la valeur estimative de l'objet assuré : il est quelquefois stipulé que l'assureur remboursera suivant l'estimation qui sera faite.

Les dommages partiels, comme l'incendie d'une aîle de bâtiment, donnent toujours lieu à ces sortes d'estimations. Ce sont même les cas les plus fréquents.

Dans le cas où l'assurance dépasse la valeur de l'objet assuré, comme il arrive lorsqu'il y a plusieurs assurances partielles, les assureurs paient dans l'ordre de leurs polices, si l'objet assuré n'a pas péri tout entier; ils paient au marc le franc s'il n'y a ni dol ni fraude qui, en viciant les contrats, en empêchent l'exécution. (Code de commerce, art. 358 et suiv.)

La prime peut consister en argent, en marchandise, en une chose à faire. Elle est soumise à toutes les clauses et conditions qui peuvent convenir aux parties. L'augmentation de la prime peut être prévue et fixée. (Code de commerce, art. 343.)

Les contrats d'assurance doivent toujours être rédigés par écrit. Ce contrat doit énoncer toutes les conditions convenues entre les parties. La même police peut contenir plusieurs assurances, sans que, pour cela, il y ait solidarité entre les assureurs. (Code de commerce, art. 333.)

L'assureur est obligé, en cas de perte totale ou partielle de la chose assurée, de payer l'indemnité promise.

L'assuré est tenu de prouver la perte ou le dommage. Il doit : 1° payer exactement la prime convenue ; 2° donner connaissance à l'assureur de tous les accidents arrivés à ses risques ; 3° faire toutes les diligences qui dépendent de lui pour diminuer les risques. (Code de commerce, art. 374, 388, 391 et suiv.)

L'assurance à prime donne lieu à une action devant les tribunaux de commerce, l'assurance mutuelle donne lieu à une action par-devant les tribunaux civils.

Les conventions établies avec l'agent d'une compagnie contre l'incendie publiquement annoncé comme tel, et dépositaire des plaques, sont obligatoires pour les compagnies, quand bien même l'agent ne serait pas commissionné directement pour assurer. Dans ce cas, les assurés ne doivent pas souffrir du défaut de qualité de l'agent. (Arrêt de la cour de Colmar, du 2 mars 1825.)

La condition imposée à l'assuré de ne point faire réassurer les mêmes objets par une autre compagnie d'assurance contre l'incendie, est valable et peut entraîner, en cas d'inexécution, la résolution du premier contrat. (Arrêts de la cour de Cassation du 27 août 1828 et 6 juillet 1829.)

D'après ces principes, ces règles et ces lois, l'utilité des assurances est très-certainement incontestable; leurs bons effets, comme moyen réparateur, sont suffisamment reconnus. Si donc j'ai dit qu'elles devenaient des causes occasionnelles d'incendie, c'est principalement en vue de la cupidité qui base ses calculs sur les différentes stipulations et sur les éventualités qui en résultent.

Il pourrait être pris des précautions, établi des règles qui, en remédiant à quelques inconvénients, donneraient aux compagnies d'assurances plus de chances de voir moins d'incendies allumés par les faux calculs d'une coupable cupidité.

Avant tout autre moyen, ne serait-il pas convenable que les compagnies se montrassent sévères sur le choix de leurs agents même subalternes. Les agents principaux devraient avoir des connaissances spéciales qui les rendissent capables d'expertiser les constructions et d'en apprécier la valeur.

Ces connaissances devraient être exigées aussi des agents subalternes, et pour s'assurer qu'ils les possèdent, ils devraient être soumis à des examens dont seraient chargés les hommes de l'art, adjoints à l'autorité ou préposés par le maire, et en présence de ce dernier, comme pour la visite des fours et des cheminées.

Nulle estimation ne devrait être faite que de jour, et avec soin, et non aussi sommairement que celles faites ordinairement par des personnes qui n'y apportent ni le soin, ni la maturité que demandent ces opérations.

Les polices ne devraient avoir qu'une durée de moins de dix ans, et devraient toujours être inférieures d'un tiers ou d'un quart à la valeur réelle de l'objet assuré. Il suit de la légèreté avec laquelle ces sortes de contrats, pourtant si sérieux, par leur objet et leur conséquence, que la mauvaise foi y trouve son compte, que la basse cupidité se réveille et s'arme de la torche incendiaire, ou bien la défiance éveille des soupçons d'où naissent des procès dont les suites entraînent la ruine des assurés, ou des pertes considérables pour les compagnies.

Le nommé Chabannes possédait dans la commune de Bûchères une maison qui était assurée pour une valeur de 1,200 fr. Un sinistre survient, on procède à une enquête qui occasionne des frais d'expertises, de voyages et d'appréciation qui firent que l'assuré, en définitive, ne reçoit qu'une somme insuffisante, bien inférieure à celle de son estimation. Ce n'est encore là qu'un des moindres inconvénients de ces sortes d'opérations, quand elles sont faites comme elles le sont la plupart du temps, sans offrir toutes les garanties désirables aux parties contractantes.

Heureux encore si la négligence d'un agent ou sa trop grande facilité à consentir et à faire signer un contrat d'assurance ne vient pas quelquefois faire surgir, dans un esprit cupide, une pensée criminelle, et mettre, par un calcul coupable, la torche à la main d'un malheureux dont la condamnation imprime le déshonneur sur sa mémoire, et jette sa famille dans la misère et la honte.

Le 14 décembre 1846, la cour d'assises de l'Aube a condamné aux travaux forcés à perpétuité le sieur Tassin, accusé et convaincu du crime d'incendie volontaire dans sa propre maison, commune de Villadin où, au mois de Juillet précédent, trente-deux habitations avaient été réduites en cendres. En apprenant la sentence qui frappait son père, Léon Tassin s'est brûlé la cervelle.

Le 16, le sieur Louis-Laurent Sarcelle, déclaré coupable d'avoir mis le feu, le 15 juillet, dans la commune de Cussangy, est également condamné à la même peine.

Et il est permis de penser que peut-être tous ces malheurs auraient pu être évités en environnant les contrats d'assurances de toutes les précautions légales qui rendraient la fraude et le dol plus rares, et arrêteraient la main prête à porter le feu dans son propre bien, en pensant à profiter d'une estimation surélevée et admise trop facilement.

Au mois de juillet 1850, Briois, tisserand à Lachaise, fit assurer, par la compagnie l'*Union*, sa maison qu'il estima 3,000 fr., et son mobilier, auquel il attribua une valeur de 2,000 fr. Cette évaluation est l'œuvre de Briois, qui ne tint aucun compte de la recommandation que lui fit l'agent d'assurances de n'apporter aucune exagération dans l'évaluation des objets assurés. (Cet agent devait-il s'en rapporter uniquement à Briois, devait-il consentir au contrat d'assurance ?) La police d'assurance est signée le 27 août. Le 6 septembre, Briois envoya sa femme payer 8 fr. 25 c., montant de sa prime. Ce jour même, il disait à ses voisins : « J'ai envoyé ma femme payer mon assurance, je suis bien tranquille, car je puis être brûlé soit demain, soit après. » Briois se félicitait hautement d'avoir assuré ce qu'il possédait pour une somme de 5,000 f. Et le 7 septembre, le lendemain, le feu éclate chez Briois, il est soupçonné, arrêté. Une expertise qui a lieu par ordre du magistrat instructeur ne fait monter qu'à 1,900 fr. la valeur des bâtiments assurés !

Les débats établissent la culpabilité de Briois, le jury prononce cette culpabilité, mais en admettant des circonstances atténuantes : la cour fait application de la loi et envoie aux travaux forcés à perpétuité Briois, qui serait libre encore peut-être, s'il n'avait trop facilement trouvé à conclure un marché dont la surélévation à son profit l'a tenté et lui a suggéré une funeste et coupable pensée.

Le nommé Louis Barbier, demeurant à Grancey-sur-Ource, a été condamné à l'audience du 15 mars de la cour d'assises de l'Aube, comme convaincu d'un de ces crimes qui restent quelquefois impunis, parce qu'ils se commettent toujours dans l'ombre, et que tous les efforts de la justice, pour en découvrir les auteurs, demeurent trop souvent impuissants.

Dans la nuit du 6 au 7 novembre 1850, pendant la nuit, le feu se manifeste chez la veuve Simonnot, à Noë-les-Mallets. Pendant que cet incendie était heureusement combattu par les efforts réunis des pompiers et des habitants, un autre sinistre éclate dans un pressoir appartenant à Barbier, et qui se trouvait contigu aux bâtiments de la veuve Simonnot. Ce pressoir était assuré pour une somme bien supérieure à sa valeur réelle par la compagnie *la Confiance*; les soupçons tombèrent sur Barbier. Cet homme était criblé de dettes et l'objet de poursuites actives, son pressoir n'était garni d'aucun de ses ustensiles ni abreuvé, quoique l'on se trouvât à une époque favorable à son exploitation.

Des *pattes* de chanvre, des morceaux de toile, dite *lirc*, et des allumettes chimiques trouvées sur le lieu du sinistre, et comparées aux objets de cette nature qui se trouvaient chez Barbier, et un bâton lui appartenant et par lui abandonné, établirent des charges accablantes contre l'accusé.

Déclaré coupable par le jury, mais avec des circonstances atténuantes, Barbier a été condamné aux travaux forcés à perpétuité.

Nous trouvons dans ce fait un nouvel exemple du danger d'admettre trop facilement, dans les contrats d'assurance, des estimations exagérées, offrant l'appât d'un gain facile à se procurer par le crime.

Espérons que les exemples nombreux fournis par les annales judiciaires de crimes dont la pensée n'est venue à l'esprit de leurs auteurs qu'en raison du trop peu de précautions dont sont entourés les contrats d'assurances, et des désirs cupides qu'ils font naître quelquefois, ne seront pas long-temps stériles, et que les compagnies d'assurances contre l'incendie, dans leur propre intérêt autant que dans l'intérêt public et de la morale, s'empresseront d'adopter, nous ne disons pas d'une manière absolue les règles que nous avons indiquées, mais au moins toutes les modifications que les lumières de leurs administrateurs, leur expérience des hommes et des choses pourront leur inspirer. De son côté, le gouvernement doit se préoccuper d'une législation que les besoins de la société et le grand développement des compagnies d'assurances rend aujourd'hui incomplète et dont la révision nous paraît nécessaire.

CHAPITRE XVI.

Incendies par malveillance. — Pénalités.

Contre les incendies allumés par des mains coupables, il n'y a de précautions que celles d'une surveillance activement exercée chez soi par chacun, et par l'autorité civile sur tous.

Les sinistres dus aux crimes des malfaiteurs se sont trop souvent renouvelés pour qu'ils puissent être niés. Ce sont des faits malheureusement acquis à l'histoire.

Pour arrêter autant qu'il est en nous les effets de cette désastreuse fureur, nous croyons utile de rappeler ici les peines qui frappent les incendiaires.

Les incendies peuvent être considérés sous ce double rapport : 1° en ce qui touche à l'intérêt et à l'ordre publics ; 2° en ce qui touche aux intérêts des particuliers entre eux.

Sous le premier de ces rapports les incendies sont l'objet de la loi pénale. Sous le deuxième ils tombent sous l'empire de la loi civile.

Les lois, dans un intérêt d'ordre public qu'il est facile de comprendre, ont dû prescrire et ont, en effet, prescrit de minutieuses précautions pour prévenir les incendies. Elles ont chargé les autorités municipales de prendre, à cet égard, les mesures et les arrêtés nécessaires. Les contraventions à ces arrêtés sont punies par des peines de simple police.

Mais lorsqu'un incendie a eu lieu, il devient un crime s'il a été commis volontairement. C'est un délit s'il est le résultat d'une imprudence.

Nous ne pouvons donc mieux faire que de citer ici textuellement les articles du Code pénal qui punissent ces infractions à la loi.

Art. 434. Quiconque aura mis volontairement le feu à des édifices, navires, bateaux, magasins, chantiers, quand ils sont habités ou servent d'habitation, qu'ils appartiennent ou n'appartiennent pas à l'auteur du crime, sera puni de mort. — Sera puni de la même peine quiconque aura volontairement mis le feu à tout édifice servant à des réunions de citoyens. — Quiconque aura volontairement mis le feu à des édifices, navires, bateaux, magasins, chantiers, lorsqu'ils ne sont ni habités ni servant à l'habitation, ou à des forêts, bois taillis ou récoltes sur pied, lorsque ces objets ne lui appartiennent pas, sera puni de la peine des travaux forcés à perpétuité. — Celui qui, en mettant le feu à l'un des objets énumérés dans le paragraphe précédent et à lui-même appartenant, sera puni des travaux forcés à temps. — Quiconque aura mis volontairement le feu à des bois ou à des récoltes abattus, soit que les bois soient en tas ou en corde, et les récoltes en tas ou en meules, si ces objets ne lui appartiennent pas, sera puni des travaux forcés à temps. — Celui qui, en mettant le feu à l'un des objets énumérés au paragraphe précédent et à lui-même appartenant, aura causé un préjudice quelconque à celui d'autrui, sera puni de la réclusion. — Celui qui aura communiqué l'incendie à l'un des objets énumérés dans le précédent paragraphe, en mettant volontairement le feu à des objets quelconques, appartenant soit à lui, soit à autrui, et placés de manière à communiquer ledit incendie, sera puni de la même peine que s'il avait directement mis le feu à l'un desdits objets. Dans tous les cas, si l'incendie a occasionné la mort d'une ou plusieurs personnes se trouvant dans les lieux incendiés, au moment où il a éclaté, la peine sera la mort.

Art. 435. La peine sera la même, d'après les distinctions faites en l'article précédent, contre ceux qui auront détruit, par l'effet d'une ruine des édifices, navires, bateaux, magasins ou chantiers.

Art. 436. La menace d'incendier une habitation ou toute autre propriété sera punie de la peine portée contre la menace d'assassinat, et d'après les distinctions établies par les art. 305-306 et 307.

L'incendie des propriétés mobilières ou immobilières d'autrui qui aura été causé par la vétusté ou le défaut soit de réparation, soit de nettoyage de fours, cheminées, forges, maisons ou usines prochaines, ou par des feux allumés dans les champs, à moins de cent mètres des maisons, édifices, forêts, bois, vergers, plantations, haies, meules, tas de grains, paille, foin, fourrages, ou de tout autre dépôt de matières combustibles, ou par des feux ou lumières portés ou laissés sans précautions suffisantes, ou par des pièces d'artifices allumées ou tirées par négligence ou imprudence, sera puni d'une amende de 50 fr. au moins et de 500 fr. au plus.

Indépendamment de l'action et des poursuites criminelles, les crimes et les délits d'incendie peuvent donner lieu à une responsabilité toute civile. Tout fait quelconque de l'homme qui cause à autrui un dommage, oblige celui par la faute duquel il arrive à une juste réparation. (Code civil, art. 1382.)

Ainsi le locataire répond de l'incendie, s'il ne peut prouver que cet incendie est arrivé fortuitement, force majeure, ou vice de construction, ou bien encore que le feu a été communiqué d'une maison voisine. (Code civil, 1733.)

S'il y a plusieurs locataires, tous sont solidairement responsables, à moins qu'ils ne prouvent que le feu a pris dans l'habitation de l'un d'eux, alors celui-là seul est tenu du dommage. A moins encore que quelques-uns, sans prouver chez lequel le feu a pris, établissent clairement qu'il n'a pu prendre chez eux, auquel cas il n'est en rien responsable. (Code civil, 1734.)

Celui dont la maison est détruite par l'incendie d'une des maisons voisines n'a aucun recours si, n'ayant aucune preuve de faute contre la personne des voisins, il ne peut même établir certainement dans quelle maison l'incendie a commencé. (Arrêt de la cour de Riom, 5 mai 1809. Voyez Sirey.)

En matière d'incendie, le locataire répond non-seulement des faits de sa femme, de ses enfants, de ses domestiques, de ses commensaux, des ouvriers qu'il emploie; mais encore il répond de ses hôtes, de tous ceux qu'il admet dans sa maison et qui la fréquentent. (Rouiller, t. x, n° 162.)

Celui qui est responsable des pertes occasionnées par un incendie est passible de tous les dommages, frais qu'entraînent les mesures prises par la police pour combattre et arrêter le feu. (Arrêt de la cour de Pau, 6 juillet 1825.)

Le propriétaire d'une maison dégradée ou détruite par suite de l'incendie d'une maison voisine ne peut être admis à réclamer de dommages-intérêts contre son voisin, s'il ne prouve qu'il n'y a pas eu de sa propre part ni imprudence ni négligence. (Arrêt de la cour de Nancy du 19 juillet 1825. Voyez Sirey.)

Si l'incendie d'une maison assurée arrive par la faute du propriétaire, les assureurs ne sont pas tenus des dommages causés par l'incendie. (Code de commerce, art. 352.)

Nous avons pensé ne pouvoir mieux terminer les conseils et les avis que nous avons cru devoir donner dans les chapitres précédents qu'en les appuyant de l'autorité de la loi, et en exposant aux yeux de tous les risques qu'ils courent en s'écartant de ses sages prescriptions et en s'exposant aux peines qu'elle porte, alors même qu'il ne s'agit que de délits.

9*

TABLEAU des incendies dans le département de l'Aube, de 1840 à 1850 inclusivement.

Premier trimestre 1840.

DATES.	LOCALITÉS.	CAUSES des sinistres.	MONTANT des pertes.
13 janv.	Ruvigny	négligence	1,632
18 —	Thil	malveillance	8,968
27 —	Nogent-en-Othe	inconnue	932
6 fév.	Bréviandes	négligence	3,548
7 —	Font.-St-Georges	inconnue	3,972
9 —	Gélannes	malveillance	6,298
10 —	Vallant-St-Georg.	—	1,935
19 —	Barbuise	négligence	1,246
25 —	Merrey	imprudence	22,594
27 —	Radonvillers	—	163,951
4 mars	Saint-Lyé	inconnue	6,295
5 —	Fontette	négligence	95,767
5 —	Longpré	inconnue	198,857
6 —	Font.-St-Georges	—	17,801
14 —	Villeret	—	446
14 —	Bréviandes	imprudence	9,295
27 —	Droupt-St-Bâle	négligence	26,762
31 —	Saint-Mesmin	malveillance	55,892
			446,191

Deuxième trimestre.

DATES.	LOCALITÉS.	CAUSES des sinistres.	MONTANT des pertes.
7 avril	Cunfin	inconnue	736
13 —	Sainte-Savine	—	6,283
16 —	Poivre	imprudence	46,532
24 —	Font.-St-Georges	—	15,309
28 —	Sainte-Savine	—	6,233
29 —	Maizièr.-la-G.-P.	—	15,680

2 mai	Brienne-la-V.	imprudence	30,851
2 —	Chessy		12,031
28 —	Lusigny	inconnue	125,163
31 —	Thieffrain	imprudence	3,000
			261,768

Troisième trimestre.

24 juin	Saint-Germain	imprudence	4,850
19 juil.	Nozay	—	34,700
21 —	Viviers	inconnue	4,337
3 août	Saint-André	négligence	578
18 —	Pâlis	—	199,760
24 —	La Saulsotte	foudre	8,860
7 sept.	Planty	inconnue	4,718
			257,773

Quatrième trimestre.

7 oct.	Villehardouin	imprudence	8,958
19 —	Orvilliers	inconnue	1,858
21 —	Font.-St-Georges	imprudence	7,635
23 —	Troyes	—	1,800
			20,251

Premier trimestre 1841.

3 janv.	Ville-sur-Arce	inconnue	33,421
7 —	Sainte-Savine	—	8,232
12 —	Saint-Mesmin	—	5,274
20 —	Saint-André	imprudence	18,847
14 fév.	Vallant-St-Georg	malveillance	135
17 —	Baroville	inconnue	13,696
2 mars	Prunay	—	20,364
23 —	Aubeterre	—	3,237
27 —	Montigny	imprudence	11,001
			114,014

Deuxième trimestre.

20 avril	Pouan	inconnue	4,174
6 mai	Bessy	malveillance	2,171
8 —	Bligny	inconnue	3,534
12 —	Maizières	foudre	1,362
14 —	Avirey-Lingey	inconnue	244,237
16 —	Aubigny	—	6,647
21 —	St-Mesmin	malveillance	39,834
24 —	St-Benoît-sur-V.	—	4,990
			306,949

Troisième trimestre.

23 juin	St-Thibault	imprudence	1,000
11 juil.	Courtaoult	malveillance	10,800
11 août	Chesley	foudre	4,697
19 —	Thil	imprudence	81,062
20 sept.	Macey	—	16,271
26 —	La Saulsotte	imprudence	2,080
30 —	Aix-en-Othe	négligence	7,314
			123,224

Quatrième trimestre.

3 nov.	Braux	inconnue	2,795
15 —	Saint-Mesmin	accidentelle	1,600
6 déc.	Courtaoult	inconnue	11,670
13 —	Dierrey-St-Julien	—	2,688
15 —	Maraye	imprudence	1,700
17 —	Chaudrey	négligence	2,150
25 —	Montfey	inconnue	11,580
			34,183

Premier trimestre 1842.

11 janv.	Courtaoult	inconnue	4,900
12 —	Colombé-le-Sec	négligence	1,190

25 —	Courtaoult	imprudence	3,450
2 fév.	Payns	inconnue	5,210
10 —	Balnot-s.-Laignes	négligence	2,885
11 —	Chamoy	inconnue	4,746
15 —	Mathaux	négligence	522
22 —	Saint-Germain	malveillance	8,500
			28,403

Deuxième trimestre.

4 avril	Mussy	inconnue	1,248
11 —	Neuville-s-Vanne	—	42,778
11 —	Payns	—	46,800
24 —	Morvilliers	—	3,350
24 —	Urville	accidentelle	6,232
28 —	Villy-le-Maréchal	—	2,444
3 mai	Saint-André	inconnue	96,507
11 —	Villehardouin	—	14,490
16 —	Troyes	—	200,000
			413,894

Troisième trimestre.

7 juil.	Bûchères	malveillance	50
23 —	Ervy	accidentelle	227
26 —	Riceys	négligence	1,200
1 août	Bar-sur-Aube		6,700
6 —	Chaource		»
7 —	Nogent-s-Seine	inconnue	»
15 —	Villy-sous-Bois	malveillance	»
16 —	Piney	inconnue	2,000
17 —	Nogent-sur-Seine	accidentelle	»
17 —	—	imprudence	41,328
17 —	St-Léger-s-Brien.	malveillance	300
24 —	Chaource	imprudence	50
25 —	Bar-sur-Aube	négligence	»

27 —	Chavanges	imprudence	»
31 —	Epothémont	négligence	500
6 sept.	Chavanges	malveillance	2,200
8 —	Bar-sur-Aube	négligence	7,300
8 —	St-Martin-ès-V.	imprudence	17,225
12 —	Crespy	malveillance	»
19 —	Nogent-s-Seine	—	15,445
24 —	Fontette	inconnue	80
29 —	Pel-et-Der	malveillance	3,300
29 —	Yèvres	—	»
29 —	Prunay-Belleville	négligence	4,645
			102,550

Quatrième trimestre.

19 oct.	La Saussaie	négligence	247
24 —	St-Mards-en-O.	malveillance	650
30 —	Semoine	—	»
4 nov.	Rances	inconnue	3,300
5 —	Nogent-sur-Aube	négligence	»
7 —	Courtaoult	inconnue	800
9 —	Lusigny	—	566
11 —	Verricourt	—	1,500
13 —	Neuville-s-Seine	imprudence	3,600
25 —	St-Martin-ès-V.	inconnue	2,400
26 —	Amance	—	4,900
28 —	Bûchères	négligence	»
12 déc.	Chennegy	—	950
13 —	Salons	malveillance	3,086
16 —	Ricey-Haut	négligence	11,595
27 —	Chavanges	inconnue	1,800
28 —	Estissac	malveillance	7,150
			42,544

Premier trimestre 1843.

3j anv.	Bragelogne	imprudence	4,000
13 —	Semoine	inconnue	4,250
15 —	Plancy	imprudence	»
21 —	Morvilliers	inconnue	7,600
8 fév.	Vallant-St-Georg.	malveillance	5,400
9 —	Bouilly	négligence	1,200
13 —	Bar-sur-Aube	—	»
14 —	Mesnil-St-Loup	—	4,500
16 —	Clairvaux	—	»
23 —	Villenauxe	inconnue	»
24 —	Bragelogne	imprudence	200
25 —	Fontette	négligence	6,900
			34,500

Deuxième trimestre.

2 avril	St-Martin-ès-V.	négligence	19,025
11 —	Saint-Mesmin	malveillance	»
12 —	Channes	négligence	700
13 —	Beauvoir		12,000
25 —	Ervy	imprudence	8 »
26 —	Mergey	négligence	1,380
2 mai	Piney	inconnue	12,160
13 —	Trancault	imprudence	6,800
25 —	Champigny	inconnue	80
28 —	Rosières	—	2,500
6 juin	Saint-Germain	imprudence	1,960
8 —	Mesnil-Sellières	—	3,047
			59,652

Troisième trimestre.

1 juil.	Troyes	imprudence	1,500
17 —	Mussy	—	750

19 août	Saint-André	négligence	5,160
21 —	Payns	imprudence	»
28 —	St-Benoît-sur-V.	—	4,130
30 —	Courtaoult	—	8,350
7 sept.	Unienville	—	33,573
28 —	Meurville	—	20,636
			74,099

Quatrième trimestre.

9 oct.	Courtaoult	inconnue	1,477
13 —	Lhuître	négligence	6,877
18 —	Crespy	imprudence	300
6 nov.	Rhèges	inconnue	970
11 —	Mailly	—	3,252
12 —	Barbuise	malveillance	2,751
14 —	Dochès	inconnue	2,460
30 —	Pouan	—	12,300
4 déc.	Urville	malveillance	»
6 —	Pouan	inconnue	2,547
13 —	Gérosdot	malveillance	»
28 —	Loches	imprudence	600
			33,435

Premier trimestre 1844.

2 janv.	Vendue-Mignot	inconnue	6,850
14 —	Troyes	négligence	1,000
15 —	Montangon	—	3,925
25 —	Pont-Ste-Marie	—	30
3 fév.	Juzanvigny	inconnue	2,751
10 —	Chamoy	imprudence	2,678
11 —	Montpothier	malveillance	2,300
29 —	Brienne	imprudence	16,365
29 —	Auxon	—	7,191
10 mars	Les Bordes	négligence	280

16 —	Sommeval	négligence	10,319
19 —	Vendeuvre	inconnue	1,200
23 —	Villeneuv.-au-C.	malveillance	14,381
31 —	Aix-en-Othe	inconnue	1,100
			70,370

Deuxième trimestre.

5 avril	Troyes	inconnue	135,000
8 —	Lusigny	—	500
9 —	Marcilly	négligence	2,569
9 —	Mussy-la-Plaine	inconnue	»
11 —	Lusigny	—	6,693
17 —	Proverville	—	»
21 —	Champfleury	—	1,500
25 —	Jeugny	malveillance	20
3 mai	Clérey	négligence	19,659
28 —	Saint-Martin	—	4,338
28 —	Fresnoy	inconnue	9,452
9 juin	Bligny	foudre	23,500
10 —	Metz-Robert	foudre	4,000
11 —	Villadin	négligence	5,042
18 —	Vendeuvre	imprudence	8,000
22 —	Mesnil-Sellières	inconnue	22,867
			243,141

Troisième trimestre.

1 sept.	Champfleury	négligence	30
16 —	Bragelogne	négligence	8,618
			8,648

Quatrième trimestre.

12 oct.	Pont-le-Roi	négligence	10,000
28 —	Troyes	—	12,500
2 nov.	Voigny	imprudence	4,100

12 —	Troyes	inconnue	1,200
30 —	Poivres	—	600
5 déc.	Lavau	imprudence	4,310
10 —	Fresnoy	—	10,000
12 —	Trannes	négligence	10,995
14 —	Rosnay	—	7,475
23 —	Viviers	—	3,893
28 —	Paisy-Cosdon	—	20,800
			85,873

Premier trimestre 1845.

13 janv.	St-Pierre-de-Bos.	négligence	18,830
16 —	Poivres	inconnue	6,290
21 —	Cussangy	négligence	4,401
4 fév.	Troyes	cheminée	»
6 —	Chauménil	malveillance	560
8 —	Soulaines	négligence	600
9 —	Saint-André	inconnue	7,100
14 —	Lusigny	—	254
20 —	Yèvres	—	6,304
11 mars	Rumilly-les-V.	imprudence	937
14 —	La Saulsotte	inconnue	14,000
19 —	Montpothier	—	3,800
22 —	Trancault	négligence	7,542
			70,618

Deuxième trimestre.

3 avril	Estissac	imprudence	944
5 —	Troyes	négligence	9,500
7 —	Orvilliers	foudre	3,836
24 —	Villeret	négligence	2,580
13 mai	Chavanges	—	40
16 —	Marolles-sous-L.	malveillance	»
27 —	Brienne	négligence	185

28 —	Marolles-sous-L.	malveillance	2,100
12 juin	Bar-sur-Seine	accident	8,700
12 —	Polisy	imprudence	1,300
13 —	Villehardouin	négligence	2,175
			31,360

Troisième trimestre.

2 juil.	Chessy	imprudence	4,300
16 —	Fay	inconnue	25,190
21 —	Brienne	malveillance	352
27 —	Courtange	négligence	5,985
29 —	Brienne	malveillance	195
31 —	Aix-en-Othe	—	18
23 août	Arrentières	imprudence	200
3 sept.	Baussancourt	—	11,666
6 —	Bragelogne	—	55,229
15 —	Radonvilliers	malveillance	600
16 —	Soulaines	inconnue	90,319
21 —	Brienne	négligence	5,630
22 —	Unienville	—	7,600
			207,284

Quatrième trimestre.

27 oct.	Dolancourt	négligence	3,885
27 —	Crésantignes	inconnue	12,539
30 —	Sainte-Syre	imprudence	21,185
1 nov.	Riceys	inconnue	300
4 —	Bragelogne	imprudence	4,875
8 —	Pâlis	inconnue	22,752
11 —	Hampigny	—	500
28 —	Cussangy	—	20,600
4 déc.	Champignolles	malveillance	10,050
10 —	Troyes	imprudence	300
10 —	Sainte-Savine	inconnue	3,500

11 —	Briel	inconnue	1,800
13 —	Vallant-St-Georg	—	3,880
14 —	Baussancourt	—	11,031
14 —	Estissac	imprudence	30
19 —	Thieffrain	malveillance	»
			117,227

Premier trimestre 1846.

1 janv.	Saint-Hilaire	malveillance	110
12 —	Mesnil-St-Père	imprudence	800
12 —	Chavanges	inconnue	1,000
16 —	Troyes	négligence	534,600
22 —	Bouranton	—	15,800
25 —	Chapelle-St-Luc	—	41,093
27 —	Crésantignes	—	9,219
27 —	Rilly-St-Syre	—	4,060
5 fév.	Trancault	malveillance	2,000
13 —	Droupt.-s.-Basle	imprudence	301
22 —	Chavanges	malveillance	18,525
28 —	Macey	—	100
6 mars	Saint-Martin	—	2,450
6 —	Bergères	négligence	16,550
			646,608

Deuxième trimestre.

1 avril	Brevonnes	imprudence	7,600
6 —	Troyes	inconnue	1,750
8 —	Semoine	malveillance	8,545
10 —	Estissac	imprudence	1,167
18 —	St-Benoît-s.-Van.	négligence	2,270
18 —	Bouy-sur-Orvin	inconnue	40,105
22 mai	Lévigny	—	17,500
1 juin	Longpré	imprudence	400

14 —	Chennegy	imprudence	55,883
15 —	Saint-Germain	—	12,305
			146,525

Troisième trimestre.

5 juil.	Noé-les-Mallets	négligence	83,000
6 —	Rilly-St-Syre	malveillance	630,088
7 —	Juzanvigny	inconnue	1,000
14 —	Villadin	malveillance	193,122
15 —	Cussangy	—	52,150
16 —	Chessy	imprudence	1,900
20 —	Saint-Lyé	inconnue	99,280
21 —	Bouilly	—	99,000
24 —	Magnant-en-Oth.	foudre	17,800
24 —	Auxon	malveillance	19,500
26 —	Marolles-s.-Lig.	—	2,500
26 —	Ville-sur-Arce	—	400
31 —	Dampierre	—	8,700
4 août	Lagrange	—	6,250
13 —	Crespy	—	3,525
14 —	Amance	imprudence	5,000
16 —	Troyes	malveillance	700
17 —	Thil	inconnue	3,100
18 —	Troyes	imprudence	650
18 —	Arrambécourt	inconnue	6,430
19 —	Chapelle-Vallon	négligence	4,452
24 —	Brienne-la-Vieil.	malveillance	28,482
26 —	Pavillon	imprudence	254,100
28 —	Lagesse	foudre	7,840
11 sept.	Rosnay	malveillance	3,640
13 —	Brienne-le-Chât.	inconnue	35,110
13 —	Blignicourt	—	9,100
			1,675,819

Quatrième trimestre.

9 oct.	Longeville	malveillance	86,922
9 —	Bligny	inconnue	13,310
11 —	Chapelle-St-Luc	—	6,760
12 —	Troyes	—	8,900
16 —	Noé-les-Mallets	négligence	22,895
22 —	Loches	—	815
30 —	Sainte-Savine	—	3,700
5 nov.	Epothémont	inconnue	1,000
9 —	Nogent	—	1,500
4 déc.	Troyes	—	9,380
10 —	Villenauxe	imprudence	2,650
11 —	Noé-les-Mallets	—	9,195
13 —	—	malveillance	2,255
21 —	Saint-Martin	imprudence	600
			169,882

Premier trimestre 1847.

2 janv.	Blaincourt	inconnue	657
2 —	Chaource	—	4,200
2 —	Troyes	négligence	1,500
2 —	Nogent	—	16,210
4 —	Villemaur	imprudence	20,055
6 —	Viâpres-le-Petit	négligence	2,837
10 —	Salons	—	8,989
11 —	Chessy	malveillance	2,000
12 —	Saint-Martin	—	11,925
24 —	Champ-Fleury	—	3,280
6 fév.	Chapelle-St-Luc	inconnue	8,203
11 —	Ile-s.-Ramerupt	négligence	61,365
14 —	Saint-Martin	malveillance	13,000
			151,324

Deuxième trimestre.

2 avril	Sainte-Savine	inconnue	2,360
5 —	Lusigny	—	400
23 —	Vanlay	—	2,760
3 mai	Nogent-s.-Seine	imprudence	17,000
3 —	Lusigny	inconnue	4,800
3 —	Mathaux	malveillance	500
5 —	Aix-en-Othe	imprudence	1,416
11 —	Mesnil-St-Loup	foudre	3,409
26 —	Chaudrey	malveillance	10,752
2 juin	Cussangy	inconnue	13,155
17 —	Avant	imprudence	13,811
22 —	Noé-les-Mallets	—	50
			70,393

Troisième trimestre.

9 juil.	Ervy	inconnue	3,000
13 —	Vanlay	malveillance	2,800
14 —	Lignières	inconnue	4,550
12 août	Loches	imprudence	1,150
13 —	Brienne	négligence	300
14 —	Chaudrey	malveillance	1,700
25 —	Fontette	négligence	14,850
28 —	Saint-Martin	malveillance	9,440
17 sept.	Herbisse	imprudence	133,350
25 —	Montangon	—	350
			171,490

Quatrième trimestre.

1 oct.	Engente	négligence	8,395
10 —	Villenauxe	—	850
10 —	—	malveillance	2,500
14 —	—	—	800

29 —	Villemoyenne	inconnue	2,100
29 —	Cussangy	malveillance	1,100
2 nov.	Chassericourt	inconnue	4,910
4 —	Boulages	négligence	19,595
15 —	Lusigny	malveillance	200
18 —	Polisy	—	300
19 —	Fontette	négligence	3,689
19 —	Bar-sur-Aube	—	300
24 —	Viâpres-le-Grand	—	949
26 —	Soulaines	inconnue	8,825
10 déc.	Trannes	—	10,850
15 —	Argançon	négligence	100
22 —	Fontaine	—	6,305
29 —	Fouchères	inconnue	52,200
			123,987

Premier trimestre 1848.

10 janv.	Lusigny	inconnue	3,007
16 —	Saint-Mards	négligence	15,580
18 —	Rouilly-St-Loup	—	2,620
27 —	Vinets	inconnue	5,800
1 fév.	Sainte-Maure	négligence	1,325
2 —	Troyes	—	100
3 —	Bouranton	malveillance	38,420
14 —	Aix-en-Othe	imprudence	2,118
16 —	St-Martin-ès-V.	—	14,200
22 —	Mergey	malveillance	10,115
1 mars	Lusigny	—	4,000
9 —	Auxon	inconnue	5,498
13 —	Baroville	imprudence	8,000
17 —	Lusigny	malveillance	6,700
22 —	Bûchères	imprudence	800
26 —	Lantages	inconnue	5,200

28 —	Rhèges	négligence	5,455
30 —	Lesmont	malveillance	1,060
			130,899

Deuxième trimestre.

5 avril	Loges-Margeron	inconnue	100
8 —	Bétignicourt	négligence	9,867
9 —	Auxon	—	8,020
9 —	Trancault	malveillance	50,000
14 —	Chauffour	—	7,000
18 —	Estissac	—	350
26 —	Lantages	inconnue	5,200
28 —	Rhèges	négligence	5,455
7 mai	Pouan	—	48,524
7 —	Coussegrey	—	850
28 —	Montiéramey	malveillance	3,500
29 —	Rhèges	—	6,705
29 —	Pars	négligence	8,509
14 juin	Villemaur	—	426
21 —	Fay	—	3,200
			157,706

Troisième trimestre.

3 juil.	Rhèges	malveillance	1,939
6 —	Cussangy	imprudence	3,130
6 —	Merrey	—	20,350
16 —	Bailly-le-Franc	inconnue	5,700
19 —	Maizières	—	2,639
25 —	Pagnères	imprudence	6,000
20 août	Estissac	inconnue	1,423
26 —	Jaucourt	imprudence	720
2 sept.	Blignicourt	malveillance	9,300
4 —	Lhuître	imprudence	22,500

7 —	Torcy-le-Petit	malveillance	980
30 —	Spoy	imprudence	12,165
			85,946

Quatrième trimestre.

2 oct.	Ville-aux-Bois	malveillance	8,250
23 —	Villemaur	inconnue	800
24 —	Bucey	—	82,600
25 —	St-Léger-s-Marg.	imprudence	1,000
12 déc.	Vandeuvre	—	2,000
14 —	Auxon	—	7,686
26 —	Mesnil-Sellières	—	6,000
			108,336

Premier trimestre 1849.

3 janv.	Chapelle-St-Luc	négligence	10,421
9 —	Chesley	—	6,840
13 —	Brienne-l.-Vieille	—	29,950
13 —	Rosnay	—	1,454
13 —	Rumilly-les-Vau.	imprudence	900
15 —	Vauchassis	négligence	8,317
28 —	Ormes	malveillance	16,159
3 fév.	Rouvres	négligence	10,900
3 —	Courtaoult	imprudence	8,605
7 —	Mailly	négligence	3,720
16 —	Chaource	—	1,265
16 —	Rhèges	—	9,808
19 —	Mesnil-St-Père	inconnue	4,330
11 mars	Balnot-St-Jacq.	imprudence	1,500
20 —	Lagesse	—	100
22 —	Lusigny	négligence	3,250
			117,519

Deuxième trimestre.

3 avril	Pont-Ste-Marie	inconnue	9,660
3 —	Villemoiron	—	300
4 —	St-Nicolas	imprudence	310
9 —	Brienne	négligence	4,442
18 mai	Troyes	malveillance	800
23 —	Ste-Savine	imprudence	900
4 juin	Auxon	inconnue	2,054
16 —	Cunfin	foudre	1,800
18 —	Brienne-l.-Vieille	malveillance	5,328
			25,594

Troisième trimestre.

15 juil.	Gyé-sur-Seine	malveillance	600
16 —	Arrentières	négligence	13,195
17 —	Jeuguy	—	2,650
28 —	Bérulles	malveillance	3,346
1 août	Bar-sur-Aube	négligence	19,350
1 —	Hampigny	—	8,375
16 —	Rances	malveillance	638
20 —	Ruvigny	imprudence	2,200
3 sept.	Joncreuil	foudre	2,180
9 —	Bragelogne	négligence	40,800
9 —	Pouy	malveillance	1,500
9 —	Marnay	négligence	2,250
11 —	Pont-sur-Seine	inconnue	2,500
11 —	Vendeuvre	foudre	3,000
22 —	Dosnon	imprudence	36,667
			139,251

Quatrième trimestre.

1 oct.	Brienne-l.-Vieille	malveillance	3,900
14 —	Bucey-en-Othe	négligence	14,595
24 —	St-Nabord	—	3,200

29	—	La Fosse-Cord.	malveillance	5,341
30	—	St-Mards	imprudence	730
31	—	Brienne-l.-Vieille	malveillance	23,200
1 nov.		Unienville	—	750
4	—	Montiéramey	—	8,000
5	—	Bréviandes	négligence	4,100
6	—	Lagesse	imprudence	3,170
8	—	Noé-les-Mallets	négligence	2,900
22	—	Villette	—	3,555
10 déc.		St-Nicolas	malveillance	8,900
13	—	Troyes	imprudence	9,000
14	—	Traînel	—	1,800
20	—	Bouilly	—	13,665
24	—	Brienne-l.-Vieille	malveillance	1,955

108,761

Premier trimestre 1850.

1 janv.		Ervy	négligence	3,988
2	—	Pont-sur-Seine	malveillance	8,840
7	—	Thieffrain	imprudence	6,000
16	—	Dosches	malveillance	24,000
16	—	Pont-sur-Seine	imprudence	8,915
24	—	Allibaudière	—	7,650
25	—	Troyes	—	8,740
1 fév.		—	—	2,000
3	—	Arrelles	inconnue	2,600
7	—	Noé-les-Mallets	malveillance	8,465
10	—	—	—	1,460
13	—	Landreville	inconnue	5,300
15	—	Celles	imprudence	20,000
12 mars		Brienne-l.-Vieille	malveillance	13,600
14	—	Mergey	—	12,780
15	—	Estissac	—	10,251

15 —	Villemaur	négligence	6,237
16 —	Saint-Lyé	—	35,755
			158,581

Deuxième trimestre.

1 avril	Rouilly-St-Loup	imprudence	13,812
1 —	Vendeuvre	malveillance	3,040
8 —	Onjon	impru dence	3,395
10 —	Bûchères	—	7,350
19 —	Viâpres-le-Grand	malveillance	29,856
22 —	Courtaoult	imprudence	1,190
30 —	Ervy	—	2,595
8 mai	Rouvres	—	6,200
10 —	Brienne-l.-Vieille	malveillance	2,500
10 —	Messon	imprudence	2,500
19 —	Landreville	malveillance	800
26 —	—	—	2,000
2 juin	Ervy	négligence	56,586
15 —	Landreville	malveillance	5,500
29 —	Laines-aux-Bois	imprudence	3,265
			140,619

Troisième trimestre.

14 juil.	Nogent-s.-Seine	inconnue	14,150
20 —	Villenauxe	imprudence	1,717
27 —	Rhèges	inconnue	5,274
3 août	Marolles	imprudence	3,500
4 —	Vanlay	inconnue	1,850
9 —	Ville-sur-Arce	négligence	6,500
12 —	Thieffrain	—	5,150
28 —	Villemoiron	malveillance	1,570
31 —	St-Nicolas	négligence	5,910
3 sept.	Chapelle-St-Luc	inconnue	16,933
8 —	Viviers	malveillance	4,550

9 —	Saint-Oulph	négligence	10,952
16 —	Vendeuvre	—	960
19 —	Magnant	inconnue	19,900
21 —	Saint-Martin	imprudence	8,440
29 —	Traînel	malveillance	29,020
30 —	Chervey	inconnue	40,045
			176,421

Quatrième trimestre.

23 oct.	Les Maisons	négligence	4,150
27 —	Coussegrey	—	127,380
31 —	Auxon	imprudence	6,303
7 nov.	Noé-les-Mallets	malveillance	1,000
9 —	Voué	imprudence	1,055
1 déc.	Ste-Maure	inconnue	4,850
5 —	Rigny-la-Noneu.	—	1,807
7 —	Unienville	—	3,503
15 —	Dierrey-St-Jul.	—	133,244
26 —	Troyes	négligence	15,650
28 —	Mergey	malveillance	5,200
			302,112

Récapitulation.

1840	1er trimestre	446,191	
	2e —	261,768	985,983
	3e —	257,773	
	4e —	20,251	

1841	1er trimestre	114,014	
	2e —	306,949	578,370
	3e —	123,224	
	4e —	34,183	

Année	Trimestre		Total
1842	1er trimestre	28,403	587,391
	2e —	413,894	
	3e —	102,550	
	4e —	42,544	
1843	1er trimestre	34,500	201,686
	2e —	59,652	
	3e —	74,099	
	4e —	33,435	
1844	1er trimestre	70,370	408,032
	2e —	243,141	
	3e —	8,648	
	4e —	85,873	
1845	1er trimestre	70,618	426,489
	2e —	31,360	
	3e —	207,284	
	4e —	117,227	
1846	1er trimestre	646,608	2,638,814
	2e —	146,525	
	3e —	1,675,819	
	4e —	169,862	
1847	1er trimestre	151,224	517,094
	2e —	70,393	
	3e —	171,490	
	4e —	123,987	
1848	1er trimestre	130,899	482,887
	2e —	157,706	
	3e —	85,946	
	4e —	108,336	
1849	1er trimestre	117,519	391,125
	2e —	25,594	
	3e —	139,251	
	4e —	108,761	

$$1850 \left\{ \begin{array}{l} \text{1}^{\text{er}} \text{ trimestre} \quad 158{,}581 \\ \text{2}^{\text{e}} \quad - \quad 140{,}619 \\ \text{3}^{\text{e}} \quad - \quad 176{,}421 \\ \text{4}^{\text{e}} \quad - \quad 302{,}112 \end{array} \right\} \quad 777{,}733$$

Total général. 7,988,604

Ce qui présente un total de 556 sinistres ou 50, 5 par an causant, en moyenne, une perte de 798,860 fr. 40 c.

L'année la moins désastreuse est celle de 1841 qui compte 31 incendies ; celle de 1846 en compte 65, plus du double.

L'incendie qui a occasionné la moindre perte est celui d'Aix-en-Othe, du 31 juillet 1845, qui ne se monte qu'à 18 fr. La perte la plus considérable est celle causée par le feu de Rilly-Sainte-Syre, le 6 juillet 1846, et qui s'élève à 630,088 fr.

DEUXIÈME PARTIE.

CHAPITRE Ier.

CONSIDÉRATIONS GÉNÉRALES.

Histoire du corps des Sapeurs-Pompiers de Paris.

Nous avons, croyons-nous, dans la première partie, suffisamment énuméré, au moins en assez grand nombre, les causes les plus générales qui occasionnent des incendies. Il est assurément vrai que si chacun apportait à éloigner de sa demeure, de son mobilier, de ses récoltes, toutes celles que nous avons indiquées et qui surgissent à chaque instant des actes de la vie privée, on n'aurait presque jamais à gémir sur de si déplorables calamités. Le nombre et l'intensité en seraient

au moins circonscrits dans les étroites limites de ces malheurs qu'il n'est pas
donné à l'homme de prévoir.

Mais comme nos avis et nos conseils
seront malheureusement oubliés ou négli-
gés, que notre voix ne sera pas plus puissante que celle de l'expérience ou celle de
l'intérêt si souvent méconnue, que dès-
lors les incendies se produisant toujours,
il sera nécessaire toujours aussi d'organiser des secours ; nous allons, dans cette
seconde partie, nous occuper de ces secours, des moyens de les rendre prompts
et efficaces.

Le principe sur lequel repose toute la
théorie des moyens propres à combattre
les incendies, est que le feu ne peut s'entretenir s'il est privé d'air.

Que des charbons soient enfermés dans
un vase quelconque hermétiquement clos,
ils s'éteignent dès que le reste de l'air
avec eux contenu dans ce vase est absorbé.

Toute matière qui établit entre l'air et
le feu une séparation complète est donc
propre à éteindre un incendie, que ce soit
du sable, de la terre ou du fumier.

Les corps fluides ont toujours paru les
plus propres, dans ces occasions, à atteindre
promptement le but, parce que leur divi-
sibilité extrême et leur facile dispersion
met un plus grand nombre de leurs par-

ties en contact avec celle des corps embrasés, et que par la vaporisation ils enlèvent à ces corps une quantité considérable du calorique et atténuent l'intensité du sinistre.

De tous les fluides, l'eau étant le plus universellement répandue et en plus grande masse, c'est celui qu'on emploie toujours avec le plus de succès.

Nous nous occuperons donc spécialement de l'emploi de l'eau pour la compression et l'extinction des feux, renvoyant à la fin de ce livre l'examen de quelques moyens plus ou moins ingénieux et propres à la remplacer.

Mais avant d'entrer dans les principes de la théorie du Sapeur-Pompier, avant de faire la description des engins en usage pour l'attaque des diverses sortes de feux, avant, en un mot, que de nous attacher à tout ce qui a rapport à notre matière, nous avons cru utile et nous avons regardé comme nécessaire de faire ici l'historique de la compagnie de sapeurs-pompiers de la ville de Paris, et des divers moyens et réglements en usage pour les prévenir ou pour y remédier.

On trouve dans l'historien Dulaure et dans ses prédécesseurs le récit de nombreux incendies. Aux époques les plus reculées, ce récit parle souvent en détail du sinistre, de ses causes et de ses effets, mais fort peu des moyens employés pour le combattre. On ne saurait en conclure que les habitants de nos villes fussent indifférents à ces désastres et qu'ils ne fissent des efforts pour s'en préserver et s'en défendre. Ce n'est que dans les époques bien postérieures que l'on trouve l'autorité s'occupant d'organiser et d'ordonner ces moyens.

On lit que, dans l'année 586, un marchand de la Cité, à Paris, étant entré dans un magasin où se trouvait une certaine quantité de barriques d'huiles, laissa une lumière près de l'une d'elles. Le feu se communiqua sans doute à cette barrique, ce qui causa un incendie qui détruisit une très-grande partie des maisons de la ville. Le feu, du côté du marché Palud, ne vit arrêter ses progrès que par la ceinture des flots de la Seine qui environne l'île.

En 1059 et 1307, sous le règne du roi Henri Ier, deux incendies considérables ravagèrent aussi cette ville sans qu'on trouve encore dans l'histoire aucune trace de secours légalement organisés.

Un peu plus tard, on commence à pouvoir constater les précautions générales contre le fléau des incendies, par des prescriptions fondées sur la coutume de Paris. Une ordonnance de police, datée de 1371, prescrit et règle ces précautions. Puis de nouvelles ordonnances plus explicites, l'une de 1395 et l'autre de 1400, attestent qu'à cette époque l'autorité intervenait déjà et ne laissait plus aux particuliers seuls le soin d'y pourvoir. Cependant les mesures que ces diverses ordonnances commandent, ne sont que préservatrices. Elles prescrivaient que chacun mît un muid plein d'eau à la porte de sa maison. L'invention de la poudre motiva, plus tard, les ordonnances et réglements de police qui interdisaient de tirer des pétards ou fusées, de brûler de la paille ou autre chose dans les rues et sur les places publiques, et même d'avoir des lanternes ou chandelles à plaques dans les écuries ou autres lieux servant de dépôt à des matières combustibles.

1. Comme on le voit, les accidents par le feu étaient déjà à cette époque aussi fréquents et dus aux mêmes causes que de nos jours.

Ce n'est qu'en 1670 qu'on trouve enfin une organisation réelle, incomplète encore, mais qui devait par la suite se développer et atteindre à de grandes proportions.

2. Ce fut sur un rapport du procureur du roi que cette ordonnance intervint, et que, se préoccupant sérieusement et des dan-

gers du feu et des moyens à employer pour le combattre, elle fit consister ces moyens en trois choses principales, sans lesquelles, en effet, ils ne peuvent subsister.

Les hommes,

Les outils ou engins,

L'eau.

3. Cette ordonnance reconnaissait qu les hommes les plus aptes à porter du secours et incontestablement les plus utiles dans les incendies, sont les ouvriers de bâtiments tels que les maçons, charpentiers, couvreurs, soit par leurs connaissances spéciales en matière de construction, qui leur font juger plus aisément de ce qui peut être tenté et exécuté pendant l'incendie, soit par leur habitude de monter, avec moins de danger que les autres, sur le faîte des maisons et des édifices, soit enfin par le nombre d'ouvriers dont ils pouvaient disposer.

Aussi les maîtres de ces divers métiers furent-ils soumis à des réglements qui leur ordonnaient de déclarer aux commissaires de leurs quartiers, leurs noms, prénoms et surnoms, de leur faire connaître la rue et la maison où ils demeuraient, d'avertir chaque fois qu'ils changeaient de domicile.

4. En cas d'alerte, à la première réquisition, ils étaient obligés de se rendre où il

leur était ordonné, de se trouver avec tous leurs ouvriers compagnons, garçons et apprentis, sous peine d'une forte amende pour la première fois, et de la perte de la maîtrise en cas de récidive.

Lorsqu'ils étaient ainsi appelés ils recevaient, en paiement, une indemnité réglée et soldée sur un mandat des commissaires de leurs quartiers.

Pour qu'ils n'éprouvassent aucun empêchement ni retard dans l'exécution des ordres qu'ils recevaient, il était expressément enjoint à tous les citoyens d'ouvrir leurs portes à tous les officiers, à tous les agents de police, à toute heure qu'ils se présentassent, sous des peines sévères en cas de refus. Un bourgeois fut, en 1726, condamné à 300 livres d'amende pour avoir contrevenu à cette ordonnance. En cette année, 1726, par une autre ordonnance du 21 juin, il fut expressément interdit de tirer dans les cheminées où le feu avait pris, des coups de mousquet ou de fusil chargés à balle, ou avec du gros plomb, mais seulement de tirer avec du sel ou du menu plomb.

5. Telles étaient, en principe, les dispositions capitales pour les secours en hommes.

Quant aux outils, par suite des mêmes ordonnances, et particulièrement en vertu de celle du prévôt des marchands rendue en juillet 1681, il fut distribué dans tous les quartiers et dans les faubourgs de la ville une quantité considérable de seaux et de crocs. Les bourgeois et habitants, avertis par des affiches, étaient tenus, en cas d'incendie, d'aller chercher ces outils chez les conseillers de ville, échevins, quarteniers, et notables bourgeois, où ils étaient déposés et gardés.

6. Quant à l'eau, il fut, comme il l'est encore dans nos réglements de police, spécialement ordonné à tous les propriétaires ou locataires d'entretenir les puits de leurs maisons en bon état de réparation et de curage, et bien garnis de cordes, de poulies et de seaux, à peine de 50 livres d'amende.

7. Ces ordonnances et ces réglements intervinrent par la sollicitude des autorités qu'avait éveillée le grand incendie du 16 mars 1618, qui détruisit, avec une grande partie du palais, une notable quantité des titres des archives de la connétablie, de l'amirauté et des eaux et forêts de France, juridictions dont les arrêts étaient datés de la fameuse table de Marbre, tradition perdue alors de ces dolmens, d'où les Druides, ces prêtres magistrats, rendaient les lois auxquelles étaient soumis les Gaulois nos ancêtres.

8. En suivant avec intérêt les progrès d'une organisation aussi importante que celle des secours contre l'incendie , on trouve, en 1697, une ordonnance rendue sous l'administration de M. d'Argenson, sur le rapport du commissaire Prioret, et dont nous citons une partie du texte, parce qu'elle consacre le nom d'un citoyen qui avait doté un quartier de la ville d'un établissement utile en cas de sinistre.

« Attendu que dans la montagne Saint-Hilaire, qui fait une partie considérable du quartier de la place Maubert, il n'y a que trois puits, et que celui appelé *Puits-Certain*, du nom de M. *Certain*, curé de la paroisse de Saint-Hilaire, qui l'a fait construire lui-même, comme puits public, dans le principal carrefour de ladite montagne ; considérant que ce puits si utile est presque comblé par les immondices et ordures dont l'ont rempli des gens mal intentionnés, ordonnons que ce puits sera curé, nettoyé, garni de poulie et de corde, et mis en état d'être utile au public, etc. » Les habitants du quartier auxquels profitaient ces mesures furent tenus des frais qu'elles occasionnèrent.

9. Enfin, en 1699, l'établissement des pompes est publiquement ordonné à la date d'octobre. En 1718, le 27 avril, l'insuffisance de leur nombre fut reconnue

lors du feu qui prit au petit pont, où il fut mis par deux bateaux de foin enflammés, on ne dit point par quelle cause, et qui ayant leurs amarres coupées, s'en allèrent à la dérive jusqu'au pont, où ils s'arrêtèrent, et qu'ils incendièrent avec toutes les maisons qui étaient construites dessus. Ce malheur amena un grand bien; le pont ayant été rebâti, mais sans maisons, le quartier s'en trouva plus assaini.

10. Une ordonnance du roi, datée d'avril 1722, qui porte le nombre des pompes à trente, nous apprend qu'elles étaient peu nombreuses avant cette ordonnance.

Ces pompes furent distribuées dans chaque quartier de Paris, sous les ordres et la surveillance de M. le lieutenant de police. Ce magistrat devait en faire la revue tous les mois pour s'assurer qu'elles étaient en bon état et prêtes à servir.

11. Le premier directeur de ces pompes fut M. Dumourier-Duperrier. Pour les servir il fit instruire deux hommes par pompe, ce qui fit soixante gardiens auxquels il était payé une somme de 100 livres par an.

Dumourier-Duperrier avait fait une soumission dans laquelle il exposait ses vues sur le service et s'engageait à les faire exécuter moyennant un prix et certaines conditions qu'il indiquait. L'ordonnance

qui le nomme dispose : « Pour mettre le
» sieur Duperrier , directeur desdites
» pompes, en état de les fournir et de les
» entretenir avec les soixante hommes et
» les outils nécessaires détaillés dans sa
» soumission, il lui sera payé par les offi-
» ciers de police en exercice, sur les fonds
» qu'ils ont entre les mains, ou qui leur
» seront remis, la somme de 40,000 livres
» une fois payée, et celle de 20,000 livres
» chaque année, etc. »

12. Le service des pompes passa des
mains de M. Dumourier-Duperrier qui
l'avait reçu en 1722, en celles de sa veuve
jusqu'à la majorité de son fils qui en avait
la survivance.

Mais en 1768, M. de Sartines, lieutenant
de police, sur la demande des magistrats
de la ville, remit la direction des pompes à
M. Marot. Sous l'administration de ce directeur le service des pompes reçut une
telle impulsion et fut tellement amélioré
que M. Marot fut l'objet de l'attention générale, reçut des témoignages de l'estime
de plusieurs souverains de l'Europe, et fut
décoré du cordon de l'ordre de Saint-
Michel.

13. En 1792, les gardes-pompes furent
armés de sabres, ce fut le premier pas vers
une organisation militaire.

14. Les troubles révolutionnaires obli-

gèrent M. Marot à quitter ses fonctions qu'il avait remplies pendant trente-deux ans avec tant de distinction. Il eut pour successeur immédiat M. Deville, son neveu, qui fut contraint comme lui, et par les mêmes causes, de se retirer.

15. En 1814, l'expérience et les lumières de M. Marot le firent nommer membre d'une commission chargée de résoudre des questions importantes relatives aux sapeurs-pompiers et à leur service.

A M. Deville succéda M. Picart-Ledoux qui dut cet emploi à l'élection et qui le garda jusqu'en 1810.

16. Un arrêté du gouvernement, en date du 17 messidor an ix (6 juillet 1801), prescrivit d'importantes modifications à toute cette organisation.

Le corps des gardes-pompes fut porté à un effectif de 293 hommes en trois compagnies.

Cet arrêté créait en outre des élèves surnuméraires dont le nombre pouvait être de 90.

L'administration de ce corps était scindée. Le préfet de la Seine commandait ; le préfet de police surveillait la comptabilité.

Ce corps avait à sa tête un commandant en premier, un commandant en se-

cond, un ingénieur en premier et un ingénieur en second.

17. Un événement arrivé le 1er juillet
1810 révéla à l'autorité que l'influence des
chefs des gardes-pompes était insuffisante pour prendre les mesures propres
à combattre et arrêter les incendies.

Ce jour là, le prince de Schwartzemberg donnait chez lui, rue du Montblanc,
un bal à toute la cour impériale. L'empereur Napoléon et sa nouvelle épouse, l'ar-
chiduchesse d'Autriche, Marie-Louise, assistaient à cette fête.

Un violent incendie éclata et jeta le dé-
sordre et l'effroi parmi les invités et dans
la foule que la curiosité attirait aux abords
de l'hôtel de l'ambassadeur d'Autriche.

La princesse de Schwartzemberg, animée
du sentiment maternel, sauva des flammes,
au dépend de sa vie, son fils alors jeune
enfant, et qui aujourd'hui est le prince
éminent dont l'influence est si puissante
sur les destinées de l'Allemagne. Napoléon
et l'impératrice coururent les plus grands
dangers.

L'empereur qui s'aperçut du peu de
force et d'autorité dont jouissaient les chefs
des gardes-pompes lorsqu'ils se trouvaient
en contact avec d'autres corporations,
voulut que ce corps fût constitué tout-à-
fait militairement.

11*

18. Le 13 septembre 1811 parut un décret qui ôta à M. Picard-Ledoux le commandement du corps des gardes-pompes, et en réorganisa un sur d'autres bases.

L'effectif fut de 576 hommes, officiers et soldats : ils furent armés de fusils et définitivement casernés, au lieu d'être logés en ville. Les masses furent réglées sur le pied des sapeurs du génie, et M. Delalanne, officier de cavalerie, fut appelé au commandement de ce corps, qu'il conserva jusqu'au 1er janvier 1814.

Trois casernes furent successivement attribuées à ce nouveau corps; d'abord aux Capucins, rue de la Paix, puis rue Culture-Sainte-Catherine, et enfin rue du Vieux-Colombier. L'organisation trouva des obstacles dans la difficulté de soumettre les hommes de l'ancien corps, presque tous mariés et déjà âgés, aux exercices, à la discipline militaire, et surtout à la sujétion du casernement.

19. Cependant, tel qu'il était, ce corps rendit d'importants services toutes les fois qu'il fut appelé à combattre quelques sinistres. Il se fit surtout remarquer au feu de l'Odéon, qui eut lieu le Vendredi-Saint, 20 mars 1818, et qui compte parmi les plus considérables et les plus célèbres.

Le feu prit à la suite d'expériences pyrotechniques dans une répétition.

En 1820, l'incendie de Bercy, plus considérable encore et qui causa des pertes immenses au commerce des vins, donna une nouvelle occasion aux sapeurs-pompiers de fournir des preuves de leur utilité et de leur courage.

20. Cependant M. Plazanet qui, depuis 1814, était commandant de ce corps, ne cessait de solliciter d'importantes modifications. Il représentait que la discipline était impossible dans un corps que la loi de 1818 sur le recrutement, séparait complètement de l'armée.

Il parvint enfin à obtenir l'ordonnance de novembre 1821, qui plaça les sapeurs-pompiers dans l'armée, et celle d'août 1822, qui fixa toutes les règles de l'administration.

21. Ces mesures ne reçurent un commencement d'exécution que le 1er novembre 1822.

Cependant, malgré toutes ces oscillations, ces changements, ces difficultés, l'administration de ce corps avait été telle, qu'à cette époque, grâce à l'intégrité de ceux qui y avaient présidé ou coopéré, et malgré les sacrifices imposés par la disette de 1816-17, une somme de 303,709 f. fut remise à la caisse municipale qui s'engagea à servir la pension de retraite aux hommes y ayant actuellement droit, le

trésor prenant à son compte celles à accorder dans l'avenir.

22. Des ordonnances successives et postérieures déterminèrent les règles de l'a-
vancement, les droits à la retraite des
pompiers de l'ancien corps, dont quelques-uns furent admis à l'hôtel des Inva-
lides. Ce corps, dont les services sont si
justement appréciés des habitants de Paris
et de l'administration municipale, vit encore augmenter le nombre de ses casernes.

En 1830, l'indiscipline qui se glissa
dans les rangs de ce corps força son chef
à résigner son commandement.

A cette époque les masses offrirent une
nouvelle économie de 50,000 francs. Une
des mesures les plus importantes est celle
apportée par l'ordonnance royale de 1836
qui augmente l'effectif de vingt hommes
au compte de la liste civile, à la charge,
par le corps, de fournir des secours contre
l'incendie dans les châteaux royaux de
Versailles, de Saint-Cloud, de Meudon,
de Fontainebleau, de Compiègne et de
Neuilly.

La création d'une cinquième compagnie
ayant été jugée nécessaire, le conseil municipal avait pris des mesures pour cette
amélioration dont l'ajournement inexpli-
cable a enfin trouvé son terme.

23. Telle est l'historique de la formation

du corps des sapeurs-pompiers de Paris et les diverses phases de son existence. J'ai cru cette matière assez intimement liée à mon sujet pour l'offrir à mes lecteurs, qui certainement la liront avec autant de plaisir que de profit.

Nous parlerons plus loin de M. le lieutenant-colonel Chevallier-Paullin et de M. Aldini, en donnant la description des appareils dont ils sont les inventeurs.

CHAPITRE II.

Organisation des Sapeurs-Pompiers de Troyes.

24. Après avoir parlé des Sapeurs-Pompiers de Paris, dont j'ai été étudier l'organisation à Paris même, où j'ai été pour m'instruire de tout ce qui a rapport à cet ouvrage ; où j'ai assisté, le 26 juillet 1849, aux manœuvres de ce corps, dont les officiers supérieurs, M. Goudchaux, commandant, M. Delestré, capitaine, ainsi que MM. les officiers et sous-officiers m'ont accueilli de la manière la plus encourageante et dont je conserverai un long et précieux souvenir, je crois ne pouvoir me dispenser de parler, avec quelques détails, de la compagnie si remarquable des Sapeurs-Pompiers de Troyes.

25. Un décret de 1804 institue et organise le corps des sapeurs-pompiers de Troyes. Mais un réglement ancien, où sont prescrites les mesures générales de sûreté et de secours contre l'incendie, réglement imprimé chez la veuve Gobelet, et où il est fait mention du dépôt de pompe placé près de l'hôtel des gardes-du-corps, atteste suffisamment l'existence antérieure de ce corps et son organisation. D'ailleurs, il est à croire, et l'histoire de la ville le prouve surabondamment, que les autorités préposées au bien-être général d'une cité, où par la nature des constructions, les incendies sont plus à craindre que partout ailleurs, se sont occupées des moyens de les prévenir et de les combattre.

26. Le corps des sapeurs-pompiers de Troyes a toujours, depuis qu'il est formé, été composé d'hommes qui, en toutes circonstances, ont donné les plus éclatantes preuves de leur zèle et de leur courage.

A leur tête se sont successivement distingués les Labiche, les Roizard, les Jolly, auteur d'un manuel du pompier justement estimé, et auquel nous sommes redevables d'excellentes notions ; les Bellehure, les Coquet-Delalain, les Chaulmet père.

27. Nous nous plaisons, en citant le nom de M. Chaulmet, de mettre sous les yeux de

nos lecteurs la lettre que cet honorable citoyen vient d'adresser à tous ses camarades et qui, en témoignant de ses sentiments généreux, lui mérite la reconnaissance de tous :

Troyes, le 25 mars 1851.

MONSIEUR ET CHER CAMARADE,

Appréciateur des services éminents que vous rendez continuellement à la société, et ayant eu l'honneur, pendant de longues années, d'être investi du pouvoir, et de plus de votre confiance, j'ai été à même de reconnaître avec quelle abnégation vous exposiez votre vie ou votre santé. Je ne pouvais donc pas rester indifférent en voyant tant de zèle et de dévouement ; et j'ai dû tenter de pouvoir assurer une existence à votre famille, dans le cas où vous viendriez à succomber, ou bien à vous garantir des secours si quelques blessures vous mettaient dans l'impossibilité de continuer vos travaux habituels.

J'ai adressé, il y a quelques années, avant de quitter mes fonctions de capitaine-commandant, une pétition à la chambre des députés, ayant pour but de remplir cette lacune dans notre législation. Un honorable député de notre département, auquel je l'avais adressée, l'ayant déposée sur le bureau, elle fut enregistrée au secrétariat de la présidence, sous le n° 671, et dans l'accusé de réception qu'il m'adressa, il voulait bien m'écrire :

« A quelqu'époque que la chambre s'occupe
» de cette grande question, elle se trouvera dans
» la nécessité d'examiner aussi celle que soulève
» votre pétition, etc. »

J'ai vu arriver ce moment avec une bien vive satisfaction, lorsqu'un représentant (M. Antony Touret) est venu, par sa proposition, réaliser mes espérances, et, dans sa séance du 11 de ce mois, l'Assemblée Nationale Législative a fixé la position des sapeurs-pompiers qui seraient victimes de leur dévouement.

D'après cette loi, qui détermine leur sort dans l'exercice de leurs honorables fonctions, et dans le cas où ils viendraient à être atteints de blessures ou à perdre la vie, les indemnités ou pensions seront à la charge du département où ils auront été tués ou blessés ; *les veuves et les enfants de ceux qui auront péri ou contracté des maladies dans leurs services auront également droit à des secours ou à des pensions.*

L'estime et l'amitié que me conservent ceux de mes anciens camarades qui ont été à même de me juger pendant le temps que je suis resté parmi eux, me font un devoir de leur faire connaître la loi qui vient d'être rendue, *dont je m'honore d'avoir été un des premiers promoteurs*, et qui fixe d'une manière précise les indemnités auxquelles ils auront droit dans le cas où ils recevraient des blessures ou s'ils venaient à succomber dans l'exercice de leurs pénibles fonctions.

Cet acte de justice et d'équité est pour moi la plus douce récompense des services que j'ai rendus à mon pays, lorsque j'étais au milieu de vous, partageant vos périls et vos fatigues, et ils ajouteront encore à me conserver l'affection des sapeurs-pompiers qui daignent quelquefois se rappeler leur ancien capitaine-commandant, et celui qui se dira toujours leur ami.

Agréez l'assurance de la parfaite considération de votre dévoué et tout affectionné,

CHAULMET,

Ex-capitaine-commandant la compagnie de sapeurs-pompiers de la ville de Troyes.

28. Aujourd'hui M. Doé-Berthier est capitaine-commandant : digne émule de ses prédécesseurs, il consacre tout son temps à surveiller l'entretien des pompes, et au service. Il donne à toute la compagnie une heureuse impulsion, et il en est parfaitement secondé. La plupart des officiers sont d'anciens militaires, et les sapeurs-pompiers sont, pour la plus grande partie, des ouvriers d'art que leurs travaux rend aussi propres à ce genre de service, que leur bonne volonté, qui est au-dessus de tout éloge.

29. Cette belle compagnie qui, dans les revues et aux exercices de la garde nationale, se fait remarquer par sa tenue admirable, sa marche assurée et le maniement des armes, compte maintenant deux cents hommes d'effectif : deux capitaines, deux lieutenants et deux sous-lieutenants. Elle est organisée d'après les dispositions de la loi du 22 mars 1831.

30. Tous les hommes sont habillés et armés de fusils et de sabres.

Pour le service, comme garde nationale, la tenue est : habit bleu de roi, collet et revers de velours noir, pantalon bleu avec bandes rouges, casque en cuivre avec chenille en crin et aigrette rouge.

Pour le service spécial de l'arme ou habit de feu, la tenue est : veste et pantalon en treillis noir, et casque sans ornement.

31. Le nombre des pompes est de vingt, conservées en bon état.

32. Conformément à la loi de 1831, la compagnie ne reçoit ni solde, ni indemnité, mais les sapeurs-pompiers sont exempts de logement militaire et la ville fournit des fonds pour l'entretien des habits de feu.

En 1835, la dépense d'acquisition de dix-neuf pompes d'un nouveau système qui a facilité le service, a chargé le budget municipal d'une somme de 19,257 f. 75 c. La dépense annuelle, pour l'entretien des paniers et de leurs dépôts, est de 200 fr. environ.

Chaque soir il y a à l'hôtel de ville un poste de secours composé d'un caporal et de deux pompiers.

La compagnie fait tous les mois un service de manœuvre, et tous les trois mois un autre service pour la revue des pompes, en présence de M. le maire.

33. D'après les renseignements statistiques fournis par la mairie à l'autorité départementale, il a été établi que la compagnie des sapeurs-pompiers de Troyes pouvait porter des secours à vingt-quatre communes environnantes, avec une telle promptitude, qu'elle peut se rendre dans neuf d'entre elles en un quart d'heure, dans quatre en vingt-sept minutes, et dans onze autres en trente-cinq minutes.

34. Nous pourrions, si nous le voulions ici, raconter les divers sinistres où les braves pompiers de Troyes se sont signalés par leur intrépidité et leur intelligence.

Sans doute ces qualités et l'organisation du corps ne pourront prévenir tous les désastres ; mais on n'aura jamais à gémir dans notre ville de la lenteur et de l'insuffisance des secours dont on a pu se plaindre ailleurs dans une récente occasion.

35. On lit dansl es journaux de Lyon :

Il y a des plaintes générales au sujet de la lenteur qu'on a mise à aller combattre l'incendie de la recette générale. D'un autre côté, le matériel des pompes est dans un état déplorable. Les corps de pompes fonctionnent mal ; les seaux sont en mauvais état.

Il n'y avait du reste aucune espèce d'organisation pour ce service ; là, les seaux s'entassaient vides et inutiles, tandis qu'ailleurs on en manquait complètement. Ici des gendarmes ou d'autres agents de la force publique, criaient à des groupes : « Allons, messieurs, formons des chaînes! A quoi les groupes répondaient : Nous sommes tout prêts ; qu'on nous donne des seaux ou pleins ou vides, et le colloque n'avait pas d'autre résultat. »

Des officiers et des sous-officiers du génie, qui sont bien les hommes les plus propres à fournir des secours en pareille circonstance, assistaient les bras croisés à cet horrible spectacle.

Assurément, cette cruelle expérience ne sera pas perdue pour la ville de Lyon; mais elle doit profiter à tous. Ici, en entretenant le zèle et la bonne volonté, en engageant à persister dans la voie d'une active vigilance ; là, en devenant un salutaire avertissement et un stimulant contre une négligence qui peut devenir si funeste.

On peut être assuré partout, mais dans notre département surtout, qu'on rencontrera toujours des hommes de savoir et de dévouement qu'il serait regrettable de laisser inactifs.

36. Avant de terminer, je m'estime heureux de pouvoir ajouter aux noms de tous les capitaines qui ont commandé

la compagnie des sapeurs-pompiers de Troyes, des éloges mérités, et à quelques-uns d'entre eux des mentions qui les recommandent plus particulièrement à la reconnaissance de leurs concitoyens.

37. M. Labiche était à la tête de cette compagnie alors qu'elle ne comptait que cinquante hommes dans ses rangs : il l'a commandée depuis 1770 jusqu'en 1818. Déjà, sous M. Labiche, des épreuves et des exercices avaient eu lieu aux Jacobins, dans le but de provoquer des améliorations qui rendissent le service plus efficace et plus facile.

38. Sous M. Roizard, qui de 1818 à 1828 eut le commandement, la compagnie vit augmenter le nombre de ses hommes de 50 à 80, ensuite à 120. Nous avons vu que maintenant l'effectif est de 200. A cette époque, l'uniforme consistait d'abord en une veste et un chapeau fournis par la ville, alors elle prit la tenue actuelle.

39. M. Jolly, qui de 1828 à 1830 fut capitaine, est l'auteur d'un manuel des pompiers. C'est pendant le capitanat de M. Jolly, et par ses soins, que furent distribués, en 1830, aux hommes de la compagnie, des brevets de sapeurs-pompiers. C'est un excellent usage que je ne puis mieux approuver qu'en

proposant de l'étendre à toutes les compagnies rurales, et qui, le 30 mars dernier, a été adopté par les subdivisions de Bûchères, Courgerennes, Saint-Thibaut, composant la compagnie de Moussey, lors de la revue annuelle des pompes et des exercices et démonstrations de ma théorie, qui ont eu lieu à cette réunion.

40. MM. Bellehure et Coquet-Delalain ont été placés à la tête de la compagnie, et l'ont successivement commandée de 1830 jusqu'en 1834.

41. M. Chaulmet ayant pris le commandement en 1834, est l'auteur de l'intéressante lettre que nous avons plus haut citée, et qui fait honneur à la générosité de ses sentiments. Ce chef a montré dans l'exercice de ses fonctions, un zèle, un dévouement, une activité au-dessus de tout éloge.

42. M. Doé, le capitaine actuel, digne successeur de ceux que nous venons de nommer, se préoccupe vivement de tout ce qui peut être utile ou honorable à la compagnie. C'est la délicatesse et l'élévation de ses sentiments qui lui ont inspiré la pensée de l'acquisition, aux frais de la compagnie entière, d'un drap mortuaire qui servira, dans toutes les cérémonies funèbres, à rendre un dernier hommage au pompier que la mort ravira à la tendresse de sa famille et à l'affection de ses

camarades, et sera, même au-delà de la tombe, une preuve de la franche égalité, de la cordiale fraternité qui unit les membres du corps si estimable des sapeurs-pompiers de Troyes. La compagnie doit surtout à M. Doé d'importantes améliorations dans toutes les parties du service ; et c'est au caractère conciliant et ferme de ce chef, aimé de tous, qu'est dû aussi l'esprit de concorde, la discipline admirable qui distingue ce beau corps.

43. Nous voudrions bien pouvoir ici mentionner tous les incendies où la compagnie entière, chefs et sapeurs, ont donné des preuves nombreuses, incontestables de leur courage, de leur bonne volonté, de leur utilité dans ces sinistres circonstances; mais les détails de ces événements sont consignés dans les annales de la ville, dans les journaux du temps, ou présents à la mémoire de chacun.

44. J'en rappellerai sommairement quelques-uns : le feu du Bougelot, près de Saint-Nicolas, dans la cour Catin ; celui de la maison Colverse, rue des Bons-Enfants ; l'incendie de la rue du Domino, en 1822, déjà cité ; à St-Martin-ès-Vignes, le 15 août 1826 ; à Saint-Frobert, le 31 décembre 1829 ; à Meldançon, le 6 décembre 1830 ; à Notre-Dame, le 4 mai 1842 ; au moulin de Paresse, le Vendredi-

Saint 1844, et chez M. Thuillier-Audiffred, rue du Dauphin, en décembre 1846.

45. Il est à croire que si la compagnie, qui a aujourd'hui à sa tête M. Doé, capitaine en premier; M. Petit, capitaine en second; M. Debeaune, lieutenant en premier; M. Vauthier, premier sous-lieutenant; M. Goussier, deuxième sous-lieutenant, et M. Person, officier d'armement, nommé par M. le maire de la ville; M. Poulet, sergent-major, et M. Graisse, sergent-fourrier; il est à croire, dis-je, que si la compagnie avait pu être dès long-temps et eût été organisée comme nous la voyons, la ville de Troyes aurait eu à déplorer des suites moins cruelles des sinistres dont elle a été si souvent frappée, notamment en 1188, quand la ville perdit, avec les deux églises de Saint-Pierre et de Saint-Etienne, la moitié de ses maisons; en 1524, alors que les boute-feux espagnols et allemands, aux ordres de l'empereur, mirent, le 4 mai, le feu à la ville qui, en vingt-huit heures, vit consumer par les flammes 3,000 de ses maisons et 7 églises, depuis l'*Homme-Sauvage* jusqu'à Saint-Abraham; lors du feu des Prisons, en 1619, incendie heureusement comprimé par le zèle de la population; en 1729, lors du feu près de Saint-Jean, contre lequel, comme nous l'avons déjà

dit, le froid rendit alors les secours impuissants.

46. Enfin, c'est non-seulement en ville, mais encore dans les communes environnantes, que nos braves camarades, les sapeurs-pompiers Troyens, ne cessent de se montrer humains, actifs et courageux ; on ne saurait faire mieux que de les prendre pour modèles dans les communes rurales.

CHAPITRE III.

Organisation de la Compagnie et des Subdivisions rurales de Moussey.

Après avoir parlé de Paris et de Troyes, il me sera permis, je l'espère, de mentionner la compagnie de Moussey, dont j'ai l'honneur de faire partie.

47. Des plus importantes villes, l'imitation passa dans celles d'un ordre inférieur, et de là, successivement dans les campagnes.

La France a donc aujourd'hui une armée nombreuse qui couvre son sol ; armée entière de soldats dévoués, dont la mission

est de combattre partout le fléau dévastateur du feu.

Un matériel considérable est au service
de ces hommes éminemment utiles et toujours prêts à courir, au premier signal, au
secours des personnes et des propriétés
que la négligence, l'imprudence ou le
crime ont mis en péril.

48. En 1825, la commune de Bûchères,
en 1833, celle de Moussey, et dans le cours
de cette même année la commune de Saint-
Thibaut organisaient séparément leurs
subdivisions.

Ces communes comptent parmi les premières qui entrèrent dans cette voie de
progrès social, où bientôt les suivirent
tant d'autres localités entraînées peut-être
par leur exemple, ou seulement par la
conviction de l'importance et de l'utilité
d'une organisation dont l'indispensable
nécessité leur était démontrée par les
leçons de l'expérience.

49. M. Braley, lieutenant dans les armées de l'empire, jouissant alors de sa retraite, n'hésita pas à donner l'exemple du
zèle et de l'abnégation en acceptant le simple grade de sergent pour mettre ainsi au
service de ses concitoyens son énergie que
n'avaient pas usée les années d'un service
pénible, et l'expérience acquise dans l'exercice des différents grades qu'il devait à sa

bonne conduite et à son mérite. Aussi la reconnaissance de ses concitoyens le plaça-t-elle à la tête de la compagnie en janvier 1838, compagnie qu'il commanda jusqu'à ce que ses forces trahissant sa volonté, il fut obligé de quitter ce commandement. C'est à ce brave capitaine Braley, qu'en janvier 1851, furent rendus, par les habitants de la commune de Bûchères, les sapeurs-pompiers et la garde nationale, des honneurs inusités au village, mais qui attestent combien partout les services honorables excitent la reconnaissance publique.

50. En 1843, M. Chapelain fut élu capitaine, et M. Haillot, lieutenant en premier.

51. En 1846, M. Haillot fut promu au grade de capitaine, et M. Limoge élu lieutenant de la compagnie de Moussey.

52. Sous la conduite de ces différents chefs, et sous la direction des chefs actuels, MM. Haillot, capitaine-commandant la compagnie; Limoge, premier lieutenant de la compagnie; Derrey, lieutenant de la subdivision de Bûchères, Montagne, sous-lieutenant; Martin Charton, lieutenant de la subdivision de Moussey; Renaut, sous-lieutenant; Collot, lieutenant de la subdivision de Saint-Thibaut; Faigniez, sous-lieutenant; Béon, sergent-major de la

compagnie ; Collot, sergent-fourrier, Margueron, sergent porte-hache ; Blanc, caporal-tambour , cette compagnie , d'un effectif de 112 hommes, n'a cessé de rendre d'importants et nombreux services.

53. C'est les rappeler suffisamment que de citer les noms des communes frappées de sinistres, où l'on a vu se déployer leur active intelligence et briller leur courageux dévouement.

Fays, Menois, Clérey, Saint-Thibaut, Bréviandes, Villepart, ont été le théâtre de leurs belles actions, ainsi qu'un grand nombre d'autres endroits.

54. Nous avons parlé dans la première partie de l'incendie qui, le 21 juillet 1846, ravagea le village de Bouilly, en dépit des efforts réunis des compagnies de sapeurs-pompiers des localités voisines.

55. Mais il m'est impossible de passer ici sous silence le feu du 10 avril 1850 qui, à Bûchères, détruisit entièrement quatre maisons et sept ménages. La cause de ce sinistre n'a jamais été bien connue, mais a été généralement attribuée à la mauvaise construction d'une cheminée, dite *à la hotte* (toujours si pernicieuse), où le feu pouvant couver pendant quelques jours, aurait été ainsi communiqué aux pans de bois et aux planchers de l'une de ces maisons déjà en état de vétusté. Le feu a été

combattu d'abord par la pompe même de la commune, servie par la subdivision du lieu et dirigée par M. Derrey, lieutenant ; puis par la pompe de Courgerennes, sous les ordres de M. Montagne, sous-lieutenant de la subdivision arrivée la seconde, et successivement par d'autres amenées sur le théâtre de l'incendie, avec l'empressement accoutumé et bien connu de nos compatriotes des communes circonvoisines.

56. M. Derrey qui déjà en 1839 s'était distingué par son sang-froid et son courage aux feux de Bûchères et des Maisons-Blanches, chez les nommés Lévêque-Devanlay et Millon, ne se montra pas moins actif alors, ni moins zélé, ni moins habile dans cette circonstance.

57. M. Haillot, capitaine des subdivisions réunies de la compagnie de Moussey, fut, dans l'habile direction qu'il donna aux secours, parfaitement secondé par M. Derrey, lieutenant, et tous deux indiquèrent et employèrent les meilleurs moyens pour combattre efficacement le désastre et le comprimer.

58. M. Philippon, capitaine de la garde nationale, revêtu de son uniforme et de ses insignes, a été plein de zèle et d'empressement pour le maintien du bon ordre.

Le voisinage de maisons couvertes en

chaume et placées à une distance de quelques mètres seulement, rendait le danger imminent : mais les travailleurs, soutenus de l'exemple de M. le maire, de M. le curé et de M. l'instituteur, et animés d'un vrai courage, ne cessèrent que lorsque tout péril eût été écarté et le feu comprimé ou éteint.

59. Là comme en toutes circonstances semblables, on a vu accourir, amenant leurs pompes, les subdivisions de sapeurs-pompiers de Bréviandes, Moussey, Saint-Thibaut, Verrières, Rouilly-Saint-Loup, Saint-Léger, Saint-Germain, Saint-André, Viélaines, etc., etc. Plusieurs sapeurs-pompiers de Troyes étaient accourus et se sont distingués par leur intelligent et utile concours. Entr'autres M. Mannequin, que l'âge ainsi que les infirmités n'arrêtent jamais dans ces circonstances, où il supplée par ses sages avis, ses bons conseils au concours que ses forces ne lui permettent plus de prêter.

60. Le brigadier Michelin, de la gendarmerie de Troyes, que j'ai vu souvent dans maintes rencontres donner d'admirables preuves de sang-froid et d'un courage égal à son activité, s'est montré digne des éloges les mieux mérités. Je me plais, puisque l'occasion s'en présente, à me faire ici l'interprète des sentiments

d'estime et de reconnaissance de mes concitoyens les habitants de Bûchères, témoins de la belle conduite du brigadier Michelin.

Je crois devoir, au nom de la commune tout entière et des victimes du sinistre, proclamer les noms de MM. les marquis et comte de Mesgrigny, de Villebertin, de M. de Noël de Bûchères, maire de la commune, et celui de Mme de Noël, noms déjà bien connus par les traits de bienfaisance qui les honorent et qui, à l'occasion de ce sinistre, sont venus à l'aide des victimes de l'incendie en leur prodiguant des secours de toute nature.

61. Avant de quitter ce sujet, je profite de cette occasion pour recommander à MM. les maires, d'ailleurs suffisamment autorisés par la loi, à procéder partout à la suppression absolue des cheminées dites *à la hotte*, qui pour la plupart, dans nos pays, sont toutes construites en panneçons et deviennent une occasion de dangers réels. De nombreux exemples pourraient être ici rapportés, je me contenterai de citer un commencement d'incendie qui a eu lieu chez le sieur Dosnon, à Villy-le-Maréchal, en février 1854, et qui n'a pas eu d'autre cause qu'une cheminée *à la hotte.*

62. C'est par suite de ce sinistre que le

sieur Chabannes, dont j'ai parlé au chapitre des assurances, a vu sa maison entièrement détruite. Cette propriété, d'une valeur de 1,600 francs, était modérément et raisonnablement assurée 1,200 fr.

En dédommagement, Chabannes a reçu de la compagnie d'assurance l'*Aigle*. .   680 »

 Il lui a été fait état, pour vieux matériaux, de . . .   30 »

Pour vacation d'un expert du pays, de . . . . .   6 »

Pour vacation et voyage d'un expert venu de Paris, de . . . .   100 »

En tout. . .   816 »

Pour détériorations causées par l'usage des lieux. .   384 »

Somme égale. . . 1,200 »

Pense-t-on que Chabannes ait été suffisamment et équitablement indemnisé?

Il en a été de même à l'égard de Lange, habitant le même corps de bâtiment, ce qui lui a causé un très-grand dommage, quoique dans des proportions moins élevées.

63. J'étais absent au moment de ce sinistre, parcourant alors les campagnes pour

recueillir des documents et m'assurer le concours bienveillant de mes concitoyens, pour l'achèvement de cet ouvrage entrepris dans un but d'utilité publique.

Quels n'ont pas été mon chagrin, ma douleur, lorsque revenant de courses pénibles pour me reposer au sein de ma famille, j'appris les désastres de mes voisins et de voir des hommes, des femmes, des enfants sans abri, sans vêtements et livrés au désespoir. Heureusement que j'avais un puissant motif de consolation en apprenant aussi avec quel zèle, quelle ardeur et quelle parfaite intelligence les secours avaient été portés par nos braves camarades les sapeurs pompiers de Bûchères, secondés par ceux des villages environnants, en apprenant la belle conduite de tous, la charité généreuse d'un grand nombre, qui ne me laissaient que le vif regret de n'avoir pas partagé leurs fatigues et leurs dangers.

64. A l'occasion de cet incendie et de la manière dont les intérêts des sieurs Chabannes et Lange ont été réglés avec la compagnie qui les avaient assurés, je crois pouvoir, comme un complément de ce que j'ai déjà dit en parlant des assurances, soumettre les réflexions suivantes à la sagacité de mes lecteurs, à l'équité des administrateurs des diverses compagnies

et à la sollicitude des autorités chargées de sauvegarder les intérêts de tous.

65. On ne devrait pas imputer au compte de l'incendié une estimation pour le long usage, la jouissance des lieux à lui appartenant ; c'est transformer le propriétaire en locataire et porter une atteinte indirecte, mais réelle au droit de propriété.

66. Cette coutume est d'autant plus injuste que l'assuré est tenu d'entretenir sa propriété assurée dans le même état et de lui conserver la même valeur que lors de la passation du contrat d'assurance, et cela autant dans l'intérêt des assureurs que dans celui de l'assuré.

Nous avons vu, page 138 (1re partie), les obligations de l'assuré envers l'assureur, les nullités entraînées et les risques judiciaires encourus par la négligence dans l'accomplissement de ce devoir.

67. Il est donc à mon avis un moyen de réglementation , c'est que les primes d'assurances ne devraient être perçues que par des agents spéciaux, dans les maisons assurées après constatation de l'état de conservation, augmentation ou détérioration des lieux, et non comme cela a lieu souvent, au bureau des assurances, sans vérification aucune des augmentations, ou diminution des risques par les changements apportés aux propriétés as-

surées. Encore moins ces recouvrements de primes ne doivent-ils pas être faits par des femmes, des enfants, comme je l'ai vu pratiquer en 1846 et 1849 par une compagnie qui envoyait, pour ces opérations, tantôt la femme, tantôt les enfants d'un employé de cette compagnie, à toute heure, en tous lieux, aux cabarets ou ailleurs avec la plus inconcevable et la plus coupable légèreté. Si donc, en effet, la compagnie qui, pendant une série de trois, cinq ou dix années, a reçu régulièrement le prix convenu, sans s'inquiéter si les risques à sa charge ont été diminués par des améliorations successives, jouit pleinement et sans conteste de cette prime, sans être tenue à une compensation envers l'assuré non victime d'un sinistre, ne serait-il pas équitable qu'il en fût de même pour l'assuré qui a rempli loyalement toutes les conditions du contrat, et qu'il ne lui fût pas porté en diminution de son assurance une estimation de l'usage des objets assurés, estimation qui profite à son détriment à la compagnie d'assurance à laquelle il croit n'être redevable que de sa prime et auquel on fait ainsi payer, à lui propriétaire, une location très-onéreuse.

68. Nous avons dit ailleurs, page 142 (1re partie), que les agents des compagnies devraient avoir des connaissances

spéciales et que les estimations devraient être faites dans de certaines conditions ; nous insistons pour qu'elles aient lieu surtout sur les propriétés debout et existantes et non sur des propriétés en décombres. Cette dernière estimation ne doit avoir lieu que par rapport aux matériaux restant propres à être employés et dont la valeur doit naturellement entrer en déduction des sommes à verser par la compagnie d'assurance.

69. En effet, dans l'exemple de Chabannes et Lange, cité plus haut, entre un grand nombre d'autres impossibles à rapporter, nous voyons une maison de 1,600 f. assurée pour 1,200 ne rendre à son propriétaire que la somme réelle de 680, ce qui ne fait qu'un peu plus de la moitié de son estimation, inférieure d'un quart à sa valeur, pour garantie envers la compagnie contre un incendie volontaire. Cette dernière n'a-t-elle pas reçu, pourtant, une prime annuelle calculée sur 1,200 francs, dont elle devait courir tous les risques moyennant cette prime ; tandis qu'elle ne se trouve effectivement responsable que de la moitié de ces mêmes risques, ce qui nécessairement a entraîné pour l'assuré, sinon sa ruine totale, du moins une perte considérable, contre laquelle il a cru se mettre en garde, en payant régulièrement, sans

répétition, ni diminution, le prix convenu pour une somme plus considérable. Que sert donc alors de s'assurer pour une somme déterminée?

CHAPITRE IV.

Considérations générales sur l'organisation. — Réformes.

71. Une organisation militaire semblable ou analogue à celle du corps des sapeurs-pompiers de Paris, modèle de toutes les autres, étant impossible, dans les villes départementales, surtout dans les communes rurales, je ne m'occuperai, ici, que des modifications praticables et possibles dans l'état actuel des choses.

72. Comme je l'ai dit précédemment, les hommes les plus aptes au service des pompes à incendie sont, bien certainement, ceux que leur profession rend plus habiles à monter sur les toits, à manier les outils des divers métiers de bâtiments, à découvrir les vices de construction et à aviser aux moyens de détacher les pièces des bâtiments embrasés ou des constructions voisines, quand la nécessité oblige à faire la part du feu.

Aussi les compagnies urbaines de sapeurs-pompiers sont elles, en grande partie, composées d'hommes appartenant à ces professions, tels que charpentiers, maçons, couvreurs, plombiers, menuisiers et serruriers en bâtiments, etc.

73. Les compagnies rurales, composées d'ouvriers des champs, comptent pourtant dans leurs rangs tout ce que les localités peuvent leur fournir aussi d'ouvriers constructeurs.

74. Malgré l'aptitude qui peut distinguer chacun individuellement, le concours des sapeurs-pompiers serait inefficace, s'il n'y avait un lien, une cohésion disciplinaire formant des forces, du dévouement, de l'intelligence des individus, un tout homogène fortement constitué.

75. Comme on l'a pu voir, les premiers éléments du corps aujourd'hui si admirable des sapeurs-pompiers de Paris ont été à peu près les mêmes que ceux entrant dans la composition des compagnies urbaines ou rurales de sapeurs-pompiers des départements.

D'abord des citoyens libres, mariés pour

la plupart, domiciliés chez eux et affranchis de toute discipline.

Puis une solde est accordée, des sabres sont donnés; c'est un commencement d'organisation militaire.

Enfin, et successivement, le corps se constitue militairement et arrive au point où nous le voyons aujourd'hui.

76. Dans les villes départementales et dans les campagnes, les compagnies ont été, dès leur origine, et sont encore actuellement composées de citoyens libres, mariés et disséminés sur toute l'étendue de la cité ou de la commune. Cependant ces compagnies assimilées aux gardes nationales, dont elles font partie intégrante et forment les compagnies d'honneur, sont organisées aussi militairement qu'il paraît possible de le faire.

77. Mais avant de penser à en arriver à ce point, il faut, ce nous semble, commencer par chercher à faire entrer dans les cadres le plus d'éléments propres à en bien coordonner l'ensemble, en les constituant solidement, et à les rendre de plus en plus propres au service que la société en attend.

78. Les exercices de la gymnastique, si propres à entretenir, à développer les forces

et la santé, ne pourraient-ils entrer dans le programme de l'éducation des enfants dans les villes et dans les campagnes?

79. L'adoption de ce système procurerait à l'armée une jeunesse déjà préparée par la gymnastique aux exercices militaires. Peut-être qu'ainsi on éviterait, à des hommes jeunes encore, mais qui déjà n'ont plus leur première souplesse, de contracter des maladies qui, en les faisant renvoyer du service, deviennent funestes aussi à ceux appelés à les remplacer.

80. Dans presque toutes les villes de la France, on a organisé des compagnies de sapeurs-pompiers, composées, pour la plupart, comme celle de Troyes, d'ouvriers en bâtiments.

Les communes rurales, à l'exemple des cités, se sont presque toutes empressées d'imiter les cités, en organisant, dans l'intérêt de leur sécurité, des services de pompes.

81. Les incendies qui désolèrent, en 1827, les campagnes de la Normandie, désastres comme ceux non moins nombreux de 1846, attribués pour le plus grand nombre à la malveillance, ont excité la sollicitude des habitants de la campagne

et des autorités locales ; tant d'événements malheureux, ont déterminé partout la formation de ces compagnies si utiles.

82. La force de ces compagnies, doit être proportionnée à l'étendue de la localité et à la population.

Les cadres suivants, d'après le manuel de Plazanet et celui de Paulin, peuvent servir de base à l'organisation de ces compagnies, en observant les proportions.

Pour une compagnie de 80 à 120 hommes, on doit avoir :

1 capitaine-commandant.
1 capitaine en second.
1 lieutenant.
1 sous-lieutenant.
1 sergent-major.
1 sergent instructeur, garde-magasin.
5 sergents.
30 caporaux.
80 sapeurs.
2 tambours.

83. Pour une compagnie de 80 hommes et au-dessous :

1 capitaine.
1 lieutenant.
1 sous-lieutenant.
1 sergent-major.
1 sergent instructeur, garde-magasin.
3 sergents.

20 caporaux.

50 sapeurs.

2 tambours.

84. A Troyes, pour la compagnie de 180 à 200 hommes, le cadre, comme celui de la garde nationale, est de :

1 capitaine en premier.

1 capitaine en second.

1 1er lieutenant et un 2e lieutenant.

1 lieutenant d'armement chargé de la surveillance des pompes et des armes.

1 1er sous-lieutenant et un 2e sous-lieut.

1 sergent-major.

1 fourrier.

8 sergents.

16 caporaux.

1 tambour-major.

4 tambours et 12 sapeurs porte-hache.

Le conseil de famille de la compagnie est composé de seize membres élus par les sections. Le capitaine et le sergent-fourrier en font essentiellement partie.

Ces cadres, donnés ici comme bases, peuvent être restreints dans les communes rurales, comme je le dirai en son lieu.

Il est de la plus grande importance que le capitaine en second ou le premier lieutenant soit pris et choisi parmi les personnes qui ont des connaissances spéciales et étendues dans les constructions, comme cela était déjà prescrit par le décret du 17 messidor an ix (17 juillet 1801). Les ingénieurs, les architectes, les entrepreneurs sont les plus propres à occuper ce poste. Les autres officiers doivent être reconnus aptes à ce genre de service. Parmi eux, il est bon et utile qu'il s'en trouve au moins un ayant une parfaite connaissance des manœuvres militaires et l'habitude du commandement. Un autre d'entre eux devra aussi avoir l'expérience nécessaire pour être chargé de la surveillance et de l'entretien du matériel. Cette condition est essentielle.

85. Le sergent-major et le fourrier doivent être en état de transcrire, et, au besoin, de rédiger tous les ordres relatifs au service. Les sergents et caporaux doivent tous savoir lire et écrire.

86. Les sergents doivent être nommés, par ancienneté de service, par les hommes de la compagnie, et choisis surtout parmi d'anciens militaires, ou parmi ceux qui se sont le plus distingués par leur intrépidité et leur sang-froid dans les incendies. Les caporaux sont souvent, on le sait, appelés à commander un poste quand il en est établi dans la ville ou dans le village; et, presque partout, ils remplissent les fonctions de chefs de pompe, ainsi qu'on le verra dans la suite de cet ouvrage.

87. MM. les officiers, afin qu'ils puissent être facilement requis, devraient avoir au-dessus de leur porte une plaque distinctive en lettres d'or sur fond brun, semblable à celles que nous avons soumises nous-mêmes à la commission spéciale devant laquelle nous avons eu l'honneur de comparaître, ainsi que nous l'avons dit dans notre introduction.

88. Comme il n'est pas possible de réunir dans une caserne les citoyens faisant partie des corps de pompiers que les liens de famille, les nécessités de leur industrie retiennent chez eux et disséminent dans toute l'étendue de la ville ou de la commune rurale, on devra adopter l'usage de mettre au-dessus de la porte de chacun d'eux une plaque de bois peint portant cette inscription : SAPEUR-POMPIER, sur un fond blanc, en lettres noires. Cette plaque sera d'une longueur de 66 centimètres, d'une hauteur de 15 centimètres, et les lettres de 9 centimètres. (Pl. 3, fig. 15.)

Ces plaques, qui sont aux frais de la commune, disparaîtront lorsque le sapeur-pompier ne fera plus partie de la compagnie, à cause de son âge ou de ses blessures. S'il arrivait que le sapeur ait mérité d'être exclu de la compagnie, et qu'il n'enlevât pas sa plaque, M. le maire devra faire procéder à cet enlèvement, aux frais de qui de droit.

Avec la précaution de cet écriteau, placé d'une manière apparente, il sera facile, sans perdre de temps en recherches inutiles, surtout la nuit, de trouver les sapeurs dont les demeures seront ainsi connues de tous.

89. Cet usage d'un si bon effet, et pratiqué dans les villes, me paraît devoir être adopté dans toutes nos campagnes.

90. Le sous-officier instructeur devrait toujours, quand il est possible, recevoir une solde. Indépendamment de ce qu'il est chargé d'instruire tous les hommes du corps, il a la surveillance et la responsabilité de l'entretien du matériel.

Il devrait être logé aux dépens de la commune, autant que possible à la maison commune, près du dépôt, ou de l'un des dépôts de pompe et du matériel, afin d'être plus promptement en position de faire transporter le matériel en cas de sinistre. Cette mesure applicable, à Paris, pour l'artillerie de la garde nationale, et à Troyes même, où les pièces d'un service très-rare, sont confiées à l'inspection et à la garde d'un maréchal-des-logis soldé (200 fr. à Troyes), ne pourrait-elle donc l'être ainsi pour les pompes d'un usage bien plus fréquent.

91. Je pense, comme divers auteurs, que ce sous-officier devra être choisi parmi ceux qui comptent plusieurs années de services dans un corps de sapeurs-pompiers, et il devra justifier qu'il connaît parfaitement toutes les parties du service.

Le sous-officier instructeur devra faire les leçons ou exercices en présence du capitaine, et celui-ci fera au maire ou à son délégué un rapport sur le zèle et les progrès de chacun des sapeurs-pompiers et de l'ensemble qui en résulte pour le bien du service.

Les épreuves des pompes et des agrès et engins devront avoir lieu quatre fois l'année, en présence des officiers et des maires, afin de s'assurer par eux-mêmes du bon entretien du matériel qui est la propriété de tous, et qui ne doit pas péricliter.

92. Une de ces revues a eu lieu à Troyes, le 21 avril 1854, et si je la rapporte en détail c'est pour que partout elle puisse être exécutée dans les mêmes conditions et avec les mêmes soins.

Conformément aux prescriptions du réglement et aux usages, M. Couturat, l'un des adjoints, en remplacement de M. le maire, procédait à cette revue des pompes à incendie et de tous leurs agrès. A onze heures, la compagnie s'est réunie, sous la conduite de ses officiers, dans la cour de l'Hôtel-de-Ville, et de là s'est rendue sur le terrain des manœuvres aux Charmilles.

93. M. Couturat, dans cette revue, était accompagné de M. Fléchey et de M. Person, architectes de la ville ; de M. Michaux, mécanicien chargé de l'entretien et de la réparation du matériel des pompes. La compagnie avait à sa tête M. le capitaine en premier Doé, et M. le capitaine en second Petit, qui commandait la manœuvre avec cet aplomb et ce ton qui font reconnaître en lui ces habitudes militaires honorablement contractées sous les drapeaux où il a mérité la croix de la Légion-d'Honneur.

94. On remarquait parmi les assistants M. Bouché, lieutenant-colonel de la légion de la garde nationale, dont le concours est toujours assuré aux braves sapeurs-pompiers. Au milieu du nombreux public qui se faisait un plaisir d'assister à cette revue, nous avons aperçu un certain nombre d'officiers, sous-officiers et sapeurs des compagnies rurales des environs. Toutefois, j'aurais désiré d'en voir un plus grand nombre, parce qu'il y a toujours profit pour les sapeurs-pompiers ruraux

d'assister à ces sortes d'exercices, surtout à ceux de la compagnie de Troyes, qui se distingue autant par sa bonne tenue, la précision de ses manœuvres pendant les exercices, que par son intrépidité dans le danger.

95. Parmi ces officiers et sapeurs, j'ai surtout remarqué M. Derrey, lieutenant de la subdivision de Bûchères, et un sapeur-pompier de Montgueux, venus exprès.

96. MM. les officiers, sous-officiers et sapeurs étaient en tenue de feu et portaient leurs insignes. La compagnie était au grand complet : 17 pompes sur leurs voitures, dont 9 à flèche, les autres à limonières (ce sont celles que leur position locale obligent à se transporter avec plus de promptitude sur le lieu d'un sinistre), attelées d'un cheval, étaient réunies et marchaient en colonnes. Arrivées sur la place de manœuvres elles se sont mises en ligne, les pompes d'un côté, les voitures de l'autre et adossées à l'avenue. Ces 17 pompes formaient quatre subdivisions ayant à leur tête un officier, et chaque pompe un chef de pompe assisté de ses servants.

M. l'adjoint avec les personnes qui l'accompagnaient ont passé successivement la revue des habits et des pompes qui ont manœuvré tour à tour en leur présence.

M. Person, lieutenant et officier d'armement nommé par le maire, prenait au fur et à mesure des notes sur le bon état d'entretien de chaque pompe, ou sur les réparations à y faire.

97. Environ onze à douze boyaux ont crevé : c'est une preuve des soins qu'on ne doit cesser d'apporter à cette partie des agrès, puisqu'à Troyes, où ces soins ne manquent certainement pas, ce cas a pu se présenter.

98. Après la revue des pompes, ces MM. ont passé celle des voitures qui ont été trouvées en bon état, puis toutes les pompes ont joué ensemble. Cette revue a prouvé une fois de plus quels secours on est en droit d'attendre d'un matériel aussi complet que celui de Troyes, et d'un personnel animé du bon esprit d'ordre, de discipline et de zèle qui distingue le corps des sapeurs-pompiers de notre chef-lieu.

Il serait bon de profiter, dans toutes les communes, de ces sortes de réunions pour donner des éloges et des encouragements, non-seulement à ceux qui se sont distingués dans les sinistres, mais encore à ceux qui, par leur exactitude aux leçons et par leurs progrès, donnent l'espoir et l'assurance d'être utiles à leurs concitoyens en cas de malheur.

99. La nomination aux différents gra-

des, dans les subdivisions de sapeurs-pompiers, ne devrait pas avoir lieu aussi souvent, parce que trois ans ne suffisent pas à un officier pour se mettre parfaitement au courant du service, et qu'il peut arriver qu'un officier devenu habile et expérimenté soit remplacé par un autre dont le concours sera moins utile. Sous ce rapport, les officiers de sapeurs ne me paraissent pas devoir être assimilés à ceux de la garde nationale qui n'ont à faire que le service militaire, tandis que les officiers de pompiers ont, en outre, le service des pompes, leurs manœuvres et les incendies à combattre.

Il faut espérer que les hommes composant les subdivisions de compagnies de sapeurs-pompiers se pénétreront de cette idée, que l'élection ne doit se faire qu'en considération des talents réels et non pas de celui qui se montre le plus affable et le plus généreux pour se procurer des voix : puisque les malheureux qui sont en proie au fléau dévastateur du feu ne peuvent et ne doivent mettre leur confiance que dans le zèle, le dévouement et l'expérience, et non dans la facilité à dépenser de l'argent pour conquérir des suffrages.

100. J'insiste ici sur une de mes considérations précédentes que l'un des sous-

officiers, au moins, puisse être choisi par MM. les maires; qu'il soit chargé de la surveillance du matériel; qu'il soit désigné pour accompagner les personnes chargées de la visite des fours et des cheminées, parce qu'il serait plus apte, dès-lors, comme je l'ai dit, à donner d'utiles indications, en cas de sinistres, par la connaissance qu'il pourrait ainsi acquérir de la disposition des lieux.

101. MM. les maires des communes dépourvues de pompes, s'il s'en trouve encore quelques-unes, devront ne rien négliger pour l'établissement d'un gymnase, pour l'organisation d'une compagnie et pour en assurer le service. En effet, une compagnie ainsi formée, peut, dans les sinistres qui se manifestent à la commune ou dans les localités voisines, être d'une très-grande utilité, tout en acquérant des connaissances et de la pratique qui deviendront un jour utiles et profitables à leurs communes lorsqu'elles se trouvent en mesure de se procurer une pompe.

La dépense occasionnée par cette acquisition et celle des agrès et accessoires étant d'une quinzaine de cents francs, il importe, pour l'avantage de tous, que cette pompe et tous ses accessoires tombent entre des mains déjà expérimentées.

D'ailleurs il est des cas où les pompes ne sont pas d'une indispensable nécessité pour combattre certains sinistres.

Ainsi :

1° Dans les feux de cheminées ;

2° Les feux de bois ;

3° Les feux de blés.

Je renvoie à faire connaître les moyens d'attaque et de compression de ces feux, quand j'en serai à cette partie spéciale de mon ouvrage.

CHAPITRE V.

De quelques mesures à adopter pour la composition et l'organisation des compagnies rurales.

102. J'ai dit ailleurs quelques mots de la formation et des cadres des compagnies de sapeurs-pompiers et de l'étendue de ces cadres, en observant que les bases indiquées ne devaient être prises que pour renseignement, et que d'ailleurs l'importance de la localité et de la population devait servir de règle.

Paris a un bataillon de sapeurs-pompiers moins nombreux, eu égard à la population, que celui de la ville de Troyes, qui donne six pompiers environ par mille habitants. Mais le désavantage du nombre est amplement compensé, à Paris, par la discipline du corps et l'habileté acquise par des exercices spéciaux.

Vingt hommes, pour une subdivision rurale, me paraissent suffisants, et sont, par rapport au chiffre, plus nombreux que dans la ville chef-lieu.

103. Je rappellerai ici les dispositions de l'ordonnance royale du 4 octobre 1838, rendue en vertu de la loi du 14 juillet de la même année, dont le titre IIIe est relatif à l'organisation des sapeurs-pompiers du département de la Seine.

104. Cette ordonnance dispose, titre III, art. 9 : Les sapeurs-pompiers seront organisés en compagnies ou subdivisions de compagnies communales.

Les sapeurs-pompiers des communes appartenant à un même bataillon, pourront être organisés en compagnies ou subdivisions de compagnies cantonales.

L'effectif de chaque compagnie, ou de subdivision communale se réglera d'après le nombre de pompes à incendie qu'elle devra desservir ; le nombre de pompes sera déterminé par le sous-préfet.

Art. 10. Il y aura, pour le service d'une pompe, 20 hommes au plus ; pour celui de deux pompes, de 21 à 30 ; pour trois pompes, de 31 à 40 ; pour quatre pompes, de 41 à 50, et pour cinq pompes, de 51 à 60.

Art. 12. Les compagnies dont l'effectif actuel excéderait les limites fixées par la présente ordonnance, se réduiront au fur et à mesure des radiations.

105. Ces dispositions prises pour un département, en quelque sorte exceptionnel par le nombre des communes et une population plus compacte, pourront cependant servir, sinon de modèles, au moins de guides pour l'organisation de nos compagnies rurales.

Le nombre de 20 hommes, par pompe, me paraît suffisant ; mais il ne peut être moindre, parce qu'en cas d'incendie, il y a toujours des absences occasionnées par les travaux de chacun, et qu'il est indispensable que les uns puissent suppléer les autres.

Il est important qu'outre les ouvriers de construction qui doivent, de préférence, exister dans les compagnies, d'admettre aussi le plus possible d'anciens militaires qui, par leur connaissance des exercices de l'infanterie et leurs habitudes de discipline, donneront plus de régularité aux mouvements et plus d'ensemble aux manœuvres.

Le surplus, ou le tout, quand les deux premiers éléments indiqués manquent, doit être choisi parmi les hommes les plus vigoureux et qui montrent le plus d'intelligence. Il se trouve quelquefois, dans les rangs, des hommes aussi incapables de porter le casque que de gouverner un état.

106. Les hommes admis à ce service ne devraient pas être d'une taille au-dessous de 1 mètre 66 centimètres, car indépendamment du coup-d'œil disgracieux que présentent dans les rangs des hommes de taille inégale, il en résulte pour la manœuvre des pompes un grave inconvénient.

107. Par exemple, il est impossible que le mouvement du balancier soit bien exécuté par un homme de petite taille placé auprès d'un autre de taille élevée, il en résulte pour tous les deux une extrême fatigue, du ralentissement dans l'émission de l'eau et des avaries pour la pompe. Un autre inconvénient encore, c'est que les habits de feu fournis par la commune deviennent ainsi impropres au service, le vêtement d'un homme ne pouvant être à l'usage d'un autre dont la taille présenterait une différence notable.

108. Les maires des communes et les officiers de compagnies doivent aussi n'admettre que des hommes ayant un domi-

cile fixe dont le service soit assuré au moins pour dix ans. Les jeunes gens ne peuvent donc entrer dans ces compagnies avant leur libération du service, puisque si on les admet à dix-huit ans, et on ne saurait le faire à un âge au-dessous, la compagnie peut les perdre par les chances du sort. L'âge de trente ans, sans service militaire, et de trente-cinq, si l'on a servi, sera la limite de l'âge d'admissibilité. Les hommes, une fois admis, pourront rester dans la compagnie jusqu'à cinquante-cinq ans et plus, mais comme pompiers honoraires.

109. Les communes rurales, pour la plupart, n'ont qu'une pompe ; il me paraît suffisant, pour leur service, et en me basant sur les indications données plus haut et sur les prescriptions de l'ordonnance du 4 octobre 1838 précitée, qu'il y ait par chaque pompe :

1 sous-lieutenant nommé à la majorité des voix.

1 sergent nommé aussi par le suffrage.

1 sergent choisi par le maire.

Sur la présentation de l'officier, ce sergent devra être choisi parmi les anciens militaires, et on lui confierait la surveillance de tout le matériel de la pompe et de ses agrès, l'inspection des armes, des habits de feu, etc.

Cet emploi, à cause de la responsabilité, devrait être rétribué par la commune.

4 caporaux nommés, comme les sergents, par le suffrage.

2 sapeurs porte-hache. L'un de ces sapeurs sera toujours un ouvrier constructeur, charpentier, maçon ou autre; l'autre un ancien militaire. Le premier, à cause de son aptitude à saper, lorsque la sape devient nécessaire; l'autre en considération de sa connaissance du service et de l'avantage de la discipline.

1 tambour.

1 clairon.

L'usage du clairon me paraît devoir être partout adopté, parce que son appel est toujours et partout entendu, tandis qu'il arrive qu'à l'instant où il faut courir au feu, une pluie puisse amoindrir ou neutraliser l'effet du tambour.

La réunion des subdivisions composerait déjà, au moyen de ces clairons, un corps de musique.

110. Mais je suis d'avis de supprimer absolument les fifres, qui me paraissent inutiles.

CHAPITRE VI.

Gymnase préparatoire.

111. Avec les éléments et les conditions que j'ai indiquées dans le chapitre précédent, une compagnie rurale présentera, en hommes, toutes les assurances, toutes les garanties d'un service prompt, bien entendu et efficace, lorsqu'elle sera appelée à combattre un sinistre.

Cette compagnie aura une organisation plus satisfaisante encore si, en suivant le conseil que j'ai plus haut donné de commencer l'éducation du pompier à l'école communale.

Mais comme je n'ai fait que d'indiquer en quelques mots les avantages de la gymnastique, je vais ici, en donnant la description d'un gymnase préparatoire peu coûteux et d'un établissement facile dans les écoles communales, parler des avantages qu'on y trouverait pour la bonne constitution des compagnies rurales qui, à l'avenir, se trouveraient tout entières recrutées d'hommes préparés de longue main par ces exercices.

112. Un gymnase préparatoire communal pourrait donc se composer :

1° D'une aire unie et sablée dont l'étendue serait déterminée autant que possible par celle du terrain adjacent à l'école et en faisant partie. (Pl. 1re) ;

2° Six perches de soutien A A (fig. 1re) de 6 mètres de hauteur, de 24 centimètres de circonférence, et placées, les deux en avant, à 3 mètres d'écartement, la 3e à 2 mètres en arrière, et enfoncées de 12 à 15 centimètres dans le sol ;

3° Une perche transversale B (fig. 1re) de 4 mètres de longueur et de 34 centimètres de circonférence ;

4° De nœuds de cordes C C (fig. 1re) servant d'assemblage ;

5° D'une échelle à crochets en trois ou quatre compartiments (fig. 2) ;

6° Une corde lisse (fig. 3) ;

7° Un trapèze (fig. 4) ; un cheval de bois (fig. 7) ;

8° Echelle de cordes ayant, de trois en trois, des échelons en bois, les cordes de 5 à 6 centimètres de circonférence (fig. 5) ;

9° Cordes à nœuds, de 5 à 6 centimètres de circonférence (fig. 6) ;

10° Hommes marchant sur la traverse D ;

11° Homme marchant sur le trapèze E ;

12° Professeur de gymnastique.

Les perches qui sont les pièces principales de ce gymnase doivent être en til-
leul, dont le bois est liant et doux. Le prix
en est peu élévé. On en trouve facilement
chez M. Petit, aubergiste, aux *Trois-Mou-
tons,* faubourg Sainte-Savine, ou chez
M. Joly, tourneur, faubourg Croncels.

Quant aux cordes, il n'est pas de village
où l'on n'en trouve. La dépense qu'elles
occasionneraient est si peu importante,
qu'elle mérite à peine d'être mentionnée.

Les instituteurs communaux ayant reçu
les principes de la gymnastique, dans les
écoles normales, où elle devra leur être
démontrée, seront pour les élèves de la
campagne d'excellents professeurs prépa-
ratoires.

113. La loi, dans le but de propager
parmi la population des campagnes une
pratique aussi utile, pourrait faire du principe de la gymnastique une des conditions
du programme d'admissibilité aux fonctions d'instituteur.

On sait que chez les Grecs et les Ro-
mains les exercices du corps étaient une
partie essentielle de l'éducation. Il pourrait en être de même chez nous, où la
force, l'adresse et la souplesse n'enlève-
raient rien, que je sache, aux facultés mo-
rales, et ne pourraient nuire à leur développement.

114. Un autre moyen de rendre la gymnastique de plus en plus populaire, et d'en appliquer les résultats à l'utilité publique, ce serait aussi d'exercer nos jeunes soldats au maniement de la pompe et à ses manœuvres. Pour cet objet, chaque caserne pourrait être pourvue d'une pompe avec ses agrès, ou de deux ou trois, suivant son étendue et le nombre d'hommes qu'elle peut loger.

115. Les secours qu'on pourrait obtenir d'hommes appartenant à des corps disciplinés et exercés à ces manœuvres sont incalculables. Si une telle mesure eût été prescrite par les règlements militaires, on n'aurait peut-être pas à déplorer la ruine totale de la partie du château de Lunéville, jadis occupée par Stanislas, roi de Pologne. Cette partie, qui comprenait la salle du Trône, la chambre de la reine, et avait été splendidement restaurée en 1817 par le prince de Hohenlohe, a été entièrement détruite par un incendie, le 23 septembre 1850. La perte matérielle n'a pas été seule à déplorer ; ce sinistre a en outre occasionné de graves blessures à cinq ou six personnes.

116. De l'habitude acquise au gymnase préparatoire, les sapeurs-pompiers contracteront facilement la possibilité : 1° de passer, sans courir autant de risques, sur les poutres encore fixes des édifices embrasés, ou rendues déjà vacillantes par les atteintes du feu.

2° De sauter de haut en bas, de bas en haut, de franchir un espace d'une certaine largeur, soit pour aller au secours des personnes en danger, soit pour échapper soi-même au péril dont on peut être menacé.

3° De monter sur des échelles droites et d'en descendre avec ou sans fardeau.

4° De grimper sur les maisons à l'aide d'une perche, d'un poteau ou d'une corde nouée, ou sans nœuds.

5° De faire un certain trajet en se tenant suspendu par les mains, à une poutre, à une perche, ou à une corde tendue ou lâche.

6° Enfin, chacun y trouverait, en développant la force et la souplesse de ses muscles, le moyen de lutter et de surmonter les obstacles qui se rencontrent si souvent sur le théâtre des incendies.

117. Ce gymnase est d'une telle simplicité que dans les communes où le local de l'école ne permettrait pas de l'y établir à demeure, il pourrait être monté et démonté à volonté. De sorte qu'on pourrait toujours se servir du local du dépôt de pompe en en faisant sortir celle-ci pour un moment,

et où l'on trouverait déjà les cordages nécessaires ; ou d'une remise, ou d'une grange pour le dresser, surtout pendant les mois d'avril, mai et juin, alors que les récoltes sont battues et vendues et les granges vides, avant que les nouvelles soient rentrées.

118. Je ne crains pas de donner en preuve de l'excellent parti qu'on peut tirer de l'établissement d'un gymnase champêtre ou préparatoire, et des exercices auxquels, indépendamment des leçons, les jeunes gens se feront souvent un plaisir de se livrer, ce que j'ai moi-même exécuté le 20 février 1851, en présence de M. le Préfet, à la caserne de l'Oratoire, rue de Croncels, à Troyes. Je n'ai reçu aucune leçon, aucun principe de gymnastique ; mais dès mon enfance je me suis habitué à monter sur les toits des bâtiments neufs, au moyen des chevilles qui y sont laissées, à marcher, à courir sur le faîtage, sur les poutres dans les granges, et l'assurance que j'ai acquise ainsi me confirme dans la pensée de l'utilité dont serait incontestablement la gymnasti-que.

119. Quand cette partie de l'éducation physique de la jeunesse sera généralement pratiquée, on ne devra plus recevoir, dans

les compagnies, d'hommes qui n'auraient pas acquis, par ces exercices, toute l'aptitude désirable. (Voir la planche 3).

Les jeunes gens qui se montreraient les plus appliqués, les plus adroits, pourraient, afin d'entretenir leur émulation, être admis comme pompiers surnuméraires, jusqu'à ce qu'ayant, comme je l'ai dit, satisfait à la loi du recrutement, ils puissent définitivement être inscrits sur les contrôles.

120. Après les deux premières années, pendant lesquelles ils donneraient des preuves de leur exactitude au service, de leur soumission à la discipline, et de l'utilité de leur concours dans les occasions, il leur serait délivré un brevet leur conférant le titre de sapeur-pompier, qui leur donnerait alors droit d'élection aux différents grades.

CHAPITRE VII.

Description des machines et instruments propres à combattre les incendies.

121. L'instrument principal employé contre les incendies, c'est la pompe.

122. On distingue deux sortes de pompes :

1° La pompe foulante ;

2° La pompe aspirante et foulante.

Mais avant de donner la description de ces deux espèces de pompe en usage dans les corps de sapeurs-pompiers, je veux, parce que je le crois utile, donner celle d'une autre pompe, dite *à puits*, selon l'adoption de laquelle, dans un plus grand nombre de maisons particulières où de lieux publics, il résultera la possibilité de trouver, sous la main, un premier secours très-efficace dans tous les cas, et suffisant dans quelques-uns pour prévenir de grands désastres.

C'est la pompe à puits, telle qu'elle est fabriquée et montée chez M. Michaux, mécanicien à Troyes. (Pl. 3, fig. 12.)

14*

Lorsque cette pompe est bien établie, on peut s'en servir pour les premiers secours dans un incendie, en y adaptant un tuyau en fil, au moyen d'un raccord en cuivre fileté, et d'une lance. Cette pompe, manœuvrée par trois hommes, peut lancer l'eau à 12 ou 15 mètres de distance.

Dans un puits dont la profondeur ne dépasserait pas 8 à 10 mètres, la projection serait plus grande et la quantité d'eau dépensée plus considérable.

La pompe aspirante simple, pour des puits de 6 à 8 mètres de profondeur, peut être établie de manière à projeter l'eau et produire le même effet que la pompe aspirante et foulante.

Pour les puits de 30 mètres de profondeur, on doit donner la préférence aux pompes dites à fourreau. Ce genre de pompe, établi par un ouvrier habile, fonctionne toujours bien et facilement ; cette pompe peut aussi lancer l'eau à une distance convenable et être d'un grand secours dans un incendie.

La pompe à puits en cuivre fondu est la plus solide ; ayant un diamètre intérieur de 12 centimètres et bien alésée, elle débitera 60 litres d'eau par minute, posée dans un puits de 15 à 25 mètres de profondeur.

122. Je conseille donc à tous les pro-

priétaires l'établissement de ces pompes, d'un usage journalier, plus commode que les puits, et qui deviendront plus utiles encore incontestablement, si on a le soin de pourvoir chaque pompe à puits de quelques engins accessoires, tels que cuve, seaux ou paniers, et de deux ou trois corps de boyaux.

Je passe actuellement à la description de la pompe foulante et aspirante. (Pl. 2, fig. 1re.)

La pompe aspirante est composée des pièces dont voici la nomenclature :

1° Un patin D (pl. 10, fig. 2.)
2° Une bassine B (pl. 10, fig. 1re.)
3° Une plate-forme A (pl. 10, fig. 3.)
4° Deux corps de pompe C (pl. 10, fig. 4.)
5° Un entablement E (pl. 10, fig. 2.)
6° Deux poupées F (pl. 10, fig. 1re.)
7° Deux pistons PP, et un balancier G (pl. 10, fig. 1re.)

124. La pompe, ainsi composée, est armée :

1° De deux tamis (pl. 11, fig. 13.)
2° Deux ou trois garnitures de boyaux L (pl. 12, fig. 2.)
3° Une lance K (pl. 11, fig. 5.)
4° Une pièce à deux vis G (pl. 11, fig. 3.)
5° Deux leviers (pl. 11, fig. 4.)
6° Un cordage (pl. 11, fig. 8.)

7° Une hache (pl. 11, fig. 11.)

8° Une échelle (pl. 11, fig. 9.)

Cette échelle remplace avec avantage l'échelle à l'italienne, dont cependant je donnerai la description.

9° Vingt seaux à incendie.

10° Une clef à vis et une tricoise.

11° Une ou deux mâchoires pour fermer les fuites des boyaux (pl. 11, fig. 7.)

12° Un cordage fin avec une poulie.

13° Un sac de sauvetage DD (pl. 11, fig. 12.)

123. Reprenant donc toutes ces pièces les unes après les autres, je vais donner la description de chacune d'elles, en commençant par la pompe.

POMPE ASPIRANTE.

124. Le mécanisme de cette pompe aspirante est à peu près le même que celui de la pompe foulante.

L'eau dans la bâche parvient aux culasses par le moyen du tuyau aspiral, dont l'extrémité plonge dans un réservoir quelconque.

La pression de l'air, qui fait monter l'eau dans cette espèce de pompe, ne pouvant soutenir qu'une colonne de 32 pieds de hauteur, les instruments dont on se sert étant toujours imparfaits, l'aspiration n'aurait pas d'effet, si le réservoir où l'on veut faire plonger l'aspiral, était à plus de 25 ou 30 pieds environ au-dessous de l'établissement de la pompe.

DU PATIN (*pl.* 10, *fig.* 2.)

125. Le patin D (fig. 2), se compose lui-même ainsi qu'il suit, savoir :

De deux semelles SS (pl. 10, fig. 1ʳᵉ.)

Deux entretoises BB (pl. 10, fig. 3.)

Les semelles sont en chêne de 1 mètre 70 centimètres de longueur, et 8 à 9 centimètres d'équarrissage. Elles sont arrondies à leurs extrémités et en dessous pour faciliter la manœuvre et donner plus d'aisance pour le déchargement et le rechargement. Ces semelles sont en dessous garnies de bandes de fer repliées à chaque bout et fixées par des vis à bois à 15 centimètres de chaque bout. Sur la barre est un trou passant de part en part de la semelle, et un autre trou se trouve à 12 centimètres. Ces deux trous reçoivent les poignées qui, à 9 centimètres de leur extrémité, ont un épaulement pour les arrêter sur les semelles et les empêcher de vaciller.

ENTRETOISES.

126. Les entretoises BB (pl. 10, fig. 3) sont deux morceaux de chêne de 75 cen-

timètres de longueur, de 7 centimètres de largeur et de 4 centimètres d'épaisseur, à tenons à leurs extrémités pour s'assembler avec les semelles. D'une part, dans leur longueur, elles auront des feuillures afin de recevoir les planches qui forment le dessus du patin. Ces planches doivent être fixées à chaque bout avec des écrous ou des pointes; elles doivent aussi être bien assemblées, à raînures et polies à leur surface.

DES TRINGLES CC *(pl. 10, fig. 1re.)*

127. Ces tringles ont à 8 centimètres de leurs bouts un épaulement pour les arrêter sur les semelles qu'elles traversent, et en dehors desquelles elles sont rivées dans un encastrement pratiqué pour recevoir le contre-rivet. Mais je préfère que les extrémités de ces tringles soient taraudées pour recevoir des écrous.

DES POIGNÉES PP *(pl. 10, fig. 1re.)*

128. Sur la partie supérieure des semelles, et à leur extrémité, se trouvent des poignées pour la facilité du déchargement et du rechargement de la pompe. Ces poignées sont des tringles de fer de 5 centimètres de circonférence et de 24 centimètres de longueur. A 9 centimètres 1\2 de leurs extrémités, elles ont un épaulement

qui les arrête sur les semelles; leur tige traverse la semelle et arrive au-dessous de la bande où elle forme le demi-cercle; mais la partie supérieure est plus surbaissée que le demi-cercle.

DES CHAINES DD *(pl.* 10, *fig.* 1re.)

129. Les chaînes sont de 70 centimètres de longueur; à leur extrémité supérieure, elles sont terminées par un piton traversant une poignée de frêne. Ces poignées servent dans les manœuvres à opérer le déchargement et le chargement, de droite à gauche, d'avant à l'arrière de la pompe lorsqu'elle est à terre, sur son patin. Ces chaînes doivent nécessairement être de force à pouvoir faire ces changements, alors même qu'il y aurait de l'eau dans une partie de la bassine.

DE LA BASSINE *(pl.* 10, *fig.* 1re.)

130. La bassine doit être en cuivre rouge, de forme ovale, renflée au milieu.

Elle doit être de 1 mètre 15 centimètres à sa partie supérieure en long, 72 centimètres en large. Sa hauteur est de 52 centimètres. Ses bords sont enroulés extérieurement sur une tringle de fer pour la consolider. A la partie inférieure de la

bassine et du côté gauche est un trou circulaire pour le passage de la pièce à deux
vis qui la traverse pour rejoindre le canal
de sortie correspondant au récipient. Le
poids de la bassine doit être de 26 à 28
kilogrammes.

Observations. Il est essentiel de bien se
rendre compte du poids de la bassine.
C'est une des pièces les plus importantes.
A St-Thibault, la bassine s'étant trouvée
trop faible, il a fallu la remplacer par une
autre après une seule année de service.
En se bâsant sur les dimensions indiquées
ci-dessus, on ne peut guère se tromper sur
le poids.

La bassine doit être fixée sur le patin, au
moyen de quatre tringles de fer partant
des semelles et atteignant le bord supérieur de la bassine. Elles doivent être attachées avec des vis à bois se noyant dans
le bois, carrées par le haut, applaties par
le bas, avec épaulement qui les arrête sur
les semelles, et à écrous par-dessus.

DES CORPS DE POMPE CC *(pl.* 10, *fig.* 4.)

131. Les corps de pompe sont deux cylindres en cuivre fondu, à base circulaire,
et dont l'intérieur est parfaitement dressé
et alésé. Leur hauteur est de 42 centimètres, leur largeur ou diamètre intérieur
de 12 centimètres à 7 centimètres de la

partie supérieure. Ils ont un épaulement pour supporter l'entablement. Au point **P** se fait le raccordement. Il y a des pompes qui se raccordent à vis à leurs bases (pl. 11, fig. 3, A), d'autres qui se raccordent au moyen de quatre boulons (pl. 10, fig. 4). C'est le dernier genre et celui des pompes de M. Michaux. Je préfère ces dernières, bien qu'elles donnent plus d'occupation pour le démontage. Il faut avoir soin que le tout soit de bon cuivre rosat, ni trop jaune ni trop blanc, que l'alliage en soit convenable pour qu'il ne soit pas trop poreux.

Exemple. En 1844, j'ai été appelé à Vaudes pour ressouder un corps de pompe fendu de 18 à 20 centimètres de long dans sa partie supérieure, ce qui donnait à l'eau, lorsque le piston descendait, une fuite considérable. Or, voici la différence que j'ai remarquée : les corps de pompe du premier modèle, dont le raccordement avec leurs culasses se fait au moyen d'un taraudage avec une clef, est promptement exécuté, tandis que, dans le second modèle, il faut quatre fois plus de temps.

DU RÉCIPIENT.

132. Le récipient D (pl. 10, fig. 4) est un cylindre creux, en cuivre battu, dont la partie supérieure est fermée à sa surface. Il est fixé sur la culasse au moyen d'une

rondelle percée de huit trous, et avec des boulons.

Sa circonférence est de 90 centimèt., et sa hauteur de 13 centimèt. Le poids total du récipient est de 5 kilogram. environ.

BASES DES CORPS DE POMPES ET DU RÉCIPIENT, AVEC LEURS CANAUX LATÉRAUX ET LE CANAL DE SORTIE. *(Pl.* 10, *fig.* 3.)

133. La culasse du récipient a le fond applati, d'un diamètre de 17 centimètres; à sa base existent trois ouvertures : deux pour recevoir l'eau des canaux latéraux, et la troisième pour l'envoyer au canal de sortie. Les deux clapets sont montés à charnière; ils s'ouvrent alternativement lorsque la pompe fonctionne.

Les culasses des corps de pompe sont semblables pour la forme à celle du récipient avec lequel elles ne font qu'un, applaties en dessus, ayant deux canaux demi-cylindriques par-dessous, servant, l'un à aspirer l'eau, et l'autre à l'envoyer au canal de sortie. Elles sont d'une seule pièce, de 10 à 12 centim. environ de diamètre par le haut. A 2 centimèt. de leur partie inférieure, en dehors, elles sont à quatre trous taraudés, pour s'adapter aux corps de pompe. Elles sont percées de deux trous de 4 centimèt. environ, servant l'un d'issue à l'eau, se trouve fermé par une sou- pape, et l'autre, d'aspiration, restant tou- jours ouvert, pour alimenter la pompe. Au pourtour de ce fond, du côté de la cu- lasse, est un autre trou de 4 centimè- tres aussi, donnant passage à l'eau dans le canal latéral, pour regagner le réci- pient.

134. Les canaux CC (pl. 10, fig. 3), sont des cylindres d'une seule pièce avec les culasses, plats à leur surface supé- rieure, demi-cylindriques à leur partie in- férieure.

135. Le canal de sortie (pl. 10, fig. 3), est composé de deux parties : l'une qui dépend de la culasse du récipient, et d'une seule pièce avec lui, l'autre, d'un bout de tuyau. Ce tuyau est d'une longueur de 10 centimètres par l'extrémité; près de la bassine, il est renflé et taraudé pour rece- voir la pièce à deux vis, et de l'autre il est ajusté par une bride de jonction avec deux vis.

DE LA PLATE-FORME (*pl.* 11, *fig.* 23.)

La plate-forme est un madrier de la longueur du fond de la bassine, dans le- quel sont encastrés les culasses du réci- pient et des corps de pompes. Il est de la hauteur et de la longeur de l'entable- ment. Dans une pompe foulante, il est percé de trous, comme les tamis. Deux tringles partant de la plate-forme, traversent l'entablement comme celles des patins, elles sont rivées sous la plate-forme pour consolider le tout.

DE LA SOUPAPE (*pl.* 11, *fig.* 3).

136. La soupape est une pièce de cuivre circulaire de 7 centimètres de diamètre et de 9 millimètres d'épaisseur; elle a une queue à mortaise avec talon et un trou pour passer la goupille qui la tient à l'autre partie formant charnière. Les clapets sont de la même dimension et de même figure. Toutes ces parties doivent ensemble peser 43 hilogrammes.

137. Telle est la pompe à bassine qui a son canal de sortie horizontal; je dirai seulement un mot des pompes à caisse (pl. 3, fig. 1re, etc.) : dans ces pompes, le canal repose généralement sur la partie supérieure de la rive gauche, où se trouve une entaille pour le recevoir, et où il est retenu par une bride demi-circulaire en cuivre, ce canal a la forme de col de cygne dont il porte le nom. Il est à vis pour se raccorder avec le boyau, qui lui-même est armé d'une boîte à écrous.

DE L'ENTABLEMENT E *(pl.* 10, *fig.* 2.)

138. L'entablement est un madrier en

chêne, plus long que la bassine de 7 centimètres à chaque bout. Il a 22 centimètres de largeur et 8 d'épaisseur. Il est percé de deux trous pour le passage des corps de pompes BB (pl. 10, fig. 2) et de deux trous à chaque bout pour passer les verges de fer à écrou F (pl. 10, fig. 2*), ce qui retient et maintient l'entablement avec le patin.

DES POUPÉES F *(pl. 10, fig. 1ʳᵉ.)*

139. Les poupées sont des pièces en fonte ; elles ont un trou circulaire dans la tête, avec un dé en cuivre par lequel passe un boulon qui tient le balancier avec les poupées. Ce boulon a une large tête d'un bout et est taraudé à l'autre avec écrou. Il doit être fort et sert d'arbre à l'entour duquel s'opère le roulement du balancier. A leur base les poupées ont un trou à chaque branche. On en fait aussi en fonte dont le prix est moins élevé; je leur préfère celles de fer.

M. Michaux vient de faire des poupées d'un nouveau modèle ; je préfère encore l'ancien, qui doit être plus léger et me paraît avoir meilleure grâce.

DES PISTONS P P *(pl. 11, fig. 16.)*

140. Les pistons, dans beaucoup d'anciennes pompes, sont entièrement en cui-

vre. Ce système est abandonné et remplacé par des pistons en cuir.

141. Les mécaniciens ont abandonné l'ancien système, parce qu'ils ont reconnu que s'il se glissait une grève ou tout autre corps dur, les corps de pompe et les pistons en seraient profondément rayés, tandis que les pistons en cuir présentant une surface moins résistante, le corps dur y pénètre et ne cause aucune détérioration au corps de pompe qui est une des pièces principales de toute la machine.

142. Les pistons en cuir sont composés de deux morceaux de cuir détrempés et emboutis, en forme de godet, opposés par leur partie convexe : entre deux se trouve une rondelle en cuir, et dans chacun d'autres rondelles en cuivre. Toutes ces pièces sont percées, au centre, d'un trou circulaire pour le passage d'une tringle en fer appelée *la soie* (pl. 11. 2. fig. 16).

DE LA SOIE (*pl.* 11, *fig.* 17.)

143. La partie supérieure de la soie est carrée et à charnière, avec un épaulement, arrondie au bout et percée à la tête pour recevoir un boulon afin d'être rajustée à la verge excentrique. La partie qui traverse le piston est ronde et taraudée à son extrémité inférieure où elle reçoit un écrou;

ce qui, des cinq pièces dont je viens de parler, n'en forme qu'une.

DE LA TIGE OU VERGE EXCENTRIQUE EE
(pl. 11, fig. 18.)

144. La tige excentrique est carrée à sa partie supérieure et forme chape pour embrasser le balancier. Sa partie inférieure est aussi carrée, mais à tenon, pour entrer dans la chape de la soie : elle est percée pour recevoir le boulon à écrou qui les réunit.

145. *Observations.* Pour les pistons à charnières, les verges excentriques sont de 42 centimètres de longueur, savoir : 8 centimètres qui forment la soie traversant le piston, avec épaulement pour l'arrêter à la première rondelle en cuivre, avec ce qui forme le carré recevant le boulon des charnières. La partie supérieure est de 34 centimètres de longueur sur environ 8 centimètres de circonférence.

Les charnières sont des bandes en fer méplates, de 40 centimètres environ ; à quelques centimètres de leur partie supérieure, elles sont soudées, sauf qu'il reste 3 à 4 centimètres pour embrasser le balancier, et où un trou est pratiqué pour recevoir un boulon qui les y fixe.

146. On doit adopter ce modèle de pré-

férence, attendu qu'elles sont à chape, et que la verge excentrique passant par un trou qui la guide ne peut se déranger dans sa course, ni d'un côté ni de l'autre ; le piston monte et descend toujours directement. Dans les autres, au contraire, lorsque le balancier remonte, le piston est tiré d'un côté, quand il s'abaisse, le piston est poussé de l'autre, les chapes seules sont en évolution.

La plupart des pompes de Troyes sont à noyaux, au-dessous du balancier où il y a une place pour les recevoir perpendiculairement au-dessus des corps de pompe.

DU BALANCIER AA (*pl.* 10, *fig.* 2.)

147. Le balancier est une barre de fer de 2 mètres 40 centimètres de longueur : à son milieu, cette barre est beaucoup plus large et aussi plus forte. Chacune de ces extrémités se termine en T —| dont la tige transversale est recourbée ainsi —C. Les œils qui terminent cette tige recourbée doivent avoir 5 centimètres de diamètre pour passer les leviers de manœuvres. Dans beaucoup d'anciennes pompes, il y avait un arbre soudé à son milieu, et dont les tourillons roulaient sur des coussinets en cuivre. Dans le système actuel, le balancier est percé d'un trou qui a un dé en cuivre

pour recevoir un boulon qui le traverse et le réunit aux têtes des poupées, et deux autres trous circulaires placés perpendiculairement au-dessus des corps de pompe pour recevoir les chapes ou les charnières. Le balancier de la pompe de Bûchères pèse 57 k. 50. Ce poids est suffisant, un plus considérable ne ferait qu'ajouter une fatigue inutile pour les hommes, sans ajouter à la solidité.

POMPE ASPIRANTE ALIMENTAIRE (*pl.* 10, *fig.* 3.)

148. Cette pompe diffère de la pompe foulante en ce que la culasse porte une ouverture sur le côté droit, et qu'un canal d'aspiration (en cuivre rouge) est mis par ses extrémités en communication avec les ouvertures des clapets des cylindres.

Le canal d'aspiration mis en communication avec les ouvertures des clapets, au moyen de brides de jonction, laissait à désirer, et n'offrait pas toute la solidité que l'on doit exiger ; de plus, il y a beaucoup de difficultés pour démonter ce canal lorsque l'on veut nettoyer la pompe.

La pompe aspirante, construite par M. Michaux-Duranton, ne présente pas ces inconvénients ; elle offre au contraire, par sa simplicité, tous les avantages et la solidité qu'on peut et qu'on doit exiger d'une

15*

machine aussi précieuse. La pièce de fondation est d'un seul morceau, en cuivre fondu, et comprend le canal d'aspiration et les conduits latéraux communiquant au récipient ; le canal d'aspiration porte à son milieu un tuyau droit avec deux ouvertures, dont une dans la bassine qui est garnie d'un pas de vis sur lequel on monte un bouchon fileté lorsque la pompe doit aspirer. (Fig. 3.)

Quand on veut s'en servir comme pompe foulante, on ôte ce même bouchon, et on le monte sur le pas de l'ouverture du tuyau qui est à l'extérieur de la bassine, et on le remplace par un tube percé de trous , de manière que la pompe aspirante est rendue foulante presque instantanément.

La première pompe de ce genre a été admise à l'exposition de 1849, à Paris ; elle a été visitée devant moi par un grand nombre d'amateurs, et a valu à M. Michaux—Duranton , constructeur—mécanicien, une mention honorable, un brevet d'invention, et le titre de membre de l'académie nationale.

Cette pompe, dont le prix n'est augmenté des autres pompes ordinaires que par les accessoires qui sont nécessaires pour l'aspiration, offre de si grands avantages, qu'elle doit être recommandée dans toutes les localités qui n'ont pas encore de pompe, et même dans toutes celles qui ont des fonds pour en faire l'acquisition.

Les accessoires de cette pompe se composent de 8 mètres de tuyau en cuir avec double enveloppe et hélice dans l'intérieur du tuyau, d'une boule en cuivre, percée en forme d'arrosoir, plus les tuyaux de refoulements.

Près d'un puits ou d'une rivière, cette pompe s'alimente d'elle-même, et peut seule, à distance, alimenter plusieurs autres pompes.

POMPES A CAISSES.

149. La pompe à caisse (pl. 3, fig. 1re) est en madriers de chêne assemblés, à queue d'aronde, elle est plus longue que large, et d'une capacité à contenir de 200 à 300 litres d'eau. Le récipient traverse l'entablement entre les deux poupées. Les canaux latéraux partent du sommet pour se rendre aux corps de pompe où ils conduisent l'eau. Sa projection est à peu près la même. C'est par le récipient qu'elle diffère le plus de celles construites aujourd'hui. Le reste est à peu de chose près semblable.

150. La pompe à caisse (pl. 3, fig. 2) est de même dimension que la précédente,

elle est intérieurement garnie de plomb ou de cuivre laminé. Elle n'a qu'une seule poupée en bois. Le balancier, plus long que celui d'aujourd'hui est aussi en bois, se repliant à charnière quand elle est au repos; en exercice, le balancier développé est maintenu par des clavettes; il joue dans la poupée refendue et traversée par un boulon. Les autres parties sont comme dans les précédentes.

151. Autre pompe à caisse (pl. 3, fig. 3). Cette pompe est aspirante et foulante, ainsi qu'il en existe encore à Troyes, à Bouilly, et dans diverses autres communes. Elle diffère surtout des deux autres par son aspiral demi-circulaire. La base du récipient, celle des corps de pompes, etc., sont comme dans les autres modèles. Le canal circulaire est placé horizontalement d'un corps à l'autre, et a au centre une ouverture donnant passage à l'eau que lui envoie le jeu alternatif des pistons dans les corps de pompes. L'entablement est le même que dans les précédentes. Le balancier est courbe, s'abaissant à ses extrémités par rapport à la voiture sur laquelle cette pompe est fixée, et qui est basse et montée à quatre roues.

POMPE A BASSINE *(pl. 3, fig. 4.)*

152. Cette pompe est celle qui se rap-

proche le plus de la première, dont nous avons donné la description et dont elle ne diffère essentiellement que par la voiture. Cette voiture, semblable à celle des trains d'artillerie, a deux banquettes, et peut porter huit personnes. L'arrière-train se démonte pour le déchargement de la pompe ; elle peut servir au transport de toute espèce de pompe ; mais je lui préfère toujours celle dont je parle en détail au chapitre IX.

CHAPITRE VIII.

Description des pièces d'armement de la pompe.

—

DU TAMIS (*pl.* 11, *fig.* 13.)

149. Les tamis, autrefois en osier, sont aujourd'hui en tôle vernie, entourés de cercles en fer. Ils se placent au fond de la bassine, près des canaux latéraux et du canal de sortie. Ils ont des pieds qui les supportent et sont percés d'une infinité de petits trous pour laisser passer l'eau.

Les tamis qui se posent latéralement sont de beaucoup préférables aux autres (fig. 13 *bis*). Les tamis ont pour objet d'arrêter les substances étrangères, surtout les corps durs qui se trouvent dans l'eau dont on alimente les pompes.

M. Jacob, officier de sapeurs-pompiers de Lusigny, a fait appliquer aux pompes de cette commune l'usage des tamis en laine, au moyen desquels l'eau, tant chargée soit-elle de matières, arrive nette dans les corps de pompes, sans causer aucune détérioration à ces corps, non plus qu'aux soupapes et aux clapets.

Ces tamis de laine forment sac et sont plus profonds que la bassine elle-même ; à leur orifice ils sont enroulés et fixés autour d'une bande de fer.

DES BOYAUX OU GARNITURES *(pl. 11, fig. 6.)*

150. Les garnitures sont d'une longueur de 7 à 8 mètres environ ; elles doivent être en bon cuir de bœuf première qualité. Il faut faire une sérieuse attention lorsqu'on les achète, et s'assurer qu'ils ne proviennent pas du ventre ou de la tête. J'en ai vu souvent crever en fonctionnant, parce qu'ils étaient de mauvais cuir. Cela est très-préjudiciable au service.

Ces boyaux doivent être cousus en fil

animal, ou cloués avec des clous à rivets ronds.

Observations. Les coutures en fil de plusieurs brins réunis sont bientôt pourris ; celles en laiton, à défaut des deux premières, sont préférables.

Dans les quatre pompes que j'ai sous mes ordres, il y en a dont les boyaux étaient cousus en fil à plusieurs brins : après douze ans, il a fallu les faire recoudre ; les autres étaient cousus en fil de laiton, et depuis dix-huit ans, elles n'ont éprouvé de ce côté aucune avarie.

Pour raccorder les boyaux avec le canal de sortie, ils doivent être garnis à une extrémité d'une boîte à écrou mobile à deux oreilles ; le tout en cuivre jaune, avec un cuir en forme d'anneau qui empêche l'eau de s'échapper. L'autre extrémité aura une garniture à vis du même pas que celle du canal de sortie.

Nos anciens boyaux avaient leurs garnitures attachées avec du fil, en plusieurs brins réunis. Ce système est totalement abandonné. On se sert maintenant de clous, ce qui ne présente pas le moindre inconvénient. Les boîtes de raccordement sont également cloués.

151. On fait aussi des boyaux en toile de chanvre imperméable et sans coutures ; ils sont plus légers, plus flexibles,

mais ils sont moins résistants et n'ont pas une aussi longue durée.

DE LA LANCE *(pl. 11, fig. 5.)*

152. La lance est un tube conique en cuivre rouge de 80 à 90 centimètres de longueur, bien alesée dans sa partie intérieure ; à sa base est une boîte à écrou de même forme, de même diamètre que celle des boyaux, afin de se raccorder avec eux.

Au sommet, elle se divise en deux au moyen d'une vis pour faciliter l'enlèvement des corps étrangers qui pourraient s'introduire dans l'orifice. Le diamètre de cet orifice, qui est une partie essentielle de la lance, est beaucoup plus étroit à son extrémité supérieure. Ce rétrécissement donne une plus grande force au jet d'eau et augmente sa vitesse à une portée de 30 à 40 mètres de distance.

DES LEVIERS DE MANOEUVRE.

153. Les leviers (pl. 11, fig. 4) sont des morceaux de bois de frêne de 2 mètres de longueur et de 5 centimètres de diamètre. Ils doivent être garnis, à environ 60 ou 65 centimètres de l'une de leurs extrémités, d'un ressort en acier formant un épaulement, de manière à rendre égaux

les bouts du balancier sortant des anneaux, afin que les hommes occupés à la manœuvre n'aient pas plus de longueur les uns que les autres ; ce qui pourrait les gêner dans leurs manœuvres, et pour éviter de se pincer les mains, ce qui arriverait inévitablement, pour peu qu'il y eût quelque vide entre les leviers et les anneaux.

DE LA HACHE.

154. La hache (pl. 11, fig. 11) est composée de deux parties entre lesquelles est la douille destinée à recevoir le manche. D'un côté est la hache proprement dite ; elle est applatie et tranchante : elle sert à couper les bois quand il s'agit de les abattre ; de l'autre côté, elle a la forme d'un pic qui sert à démolir. La hache doit être en acier, d'une trempe dure et d'un tranchant pas trop fin.

Le manche est en frêne de 1 mètre de longueur : il doit s'emmancher avec des clavettes, afin de ne pouvoir sortir de la douille. A sa partie inférieure, il doit avoir une hampe en fer avec un anneau pour recevoir le crochet de la corde.

155. Il y a plusieurs genres de hache, mais j'adopte le genre dont j'offre le modèle dans la pl. 11, fig. 11, tant pour sa forme que pour son poids.

DES CORDAGES.

156. Les cordages doivent être en chanvre de très-bonne qualité, bien câblés, comme les cordes de blutoirs de moulin. Ils doivent être d'une longueur de 16 à 17 mètres, d'une circonférence de 4 à 5 centimètres, et être garnis à chaque extrémité d'un crochet solide (pl. 11, fig. 8).

Observations. Les cordages sont indispensables dans tous les incendies : pour descendre dans les caves, étendre des draps sur les toitures. Si l'on se trouve sur le bâtiment ou même en dedans, et en danger, s'il y a des meubles dans les appartements, des grains dans les greniers, on peut tout sauver et se sauver soi-même.

DE LA CLEF.

157. Il y a des clefs de tous genres, de sorte que la description m'en paraît inutile. Chaque pompe a sa clef. (Voyez pl. 11, fig. 10, et vous jugerez du reste.)

DE L'ÉCHELLE.

158. Tout le monde sait ce que c'est qu'une échelle ordinaire, et chaque dépôt de pompe doit en avoir une ou deux (pl. 11, fig. 3), mais je crois devoir donner ici la description de l'échelle dont je propose l'adoption.

Cette échelle (pl. 11, fig. 9), se compose de deux ou trois parties, ou de plus, au besoin. Ce sont des morceaux de bois de chène de 3 centimètres environ, sur 5 centimètres de largeur, se croisant sur toute leur largeur, et sur une longueur de 33 à 40 centimètres. A ces montants sont attachés des échelons en fer qui se replient dans un encastrement (pl. 11, fig. 9).

Pour les consolider lorsqu'on les emploie développés, ils sont arrêtés l'un à l'autre, par une clé, à un ressort, et de plus par un boulon qui traverse les deux pièces de bois, indépendamment du boulon sur lequel s'opère la rotation.

Cette échelle, déployée, est de longueur à atteindre à la hauteur de trois à quatre étages, et s'accroche aux appuis des fenêtres ou au faîte des toits, par le moyen d'un crochet en fer bien solide.

Cette échelle, portative, d'un maniement très-facile, peut être partout d'un excellent usage, mais principalement dans les villes, où l'élévation des bâtiments peut obliger à lui donner plus de trois ou quatre compartiments de 2 mètres de longueur chacun.

ÉCHELLE A L'ITALIENNE (*pl.* 11, *fig.* 24.)

159. Les échelles à l'italienne ont des parties qui s'entent les unes sur les autres,

afin de n'en faire qu'une seule de la grandeur nécessaire pour atteindre à une hauteur ordinaire. Celles en usage à Paris sont toutes de la même dimension, calculées d'après la longueur de la voiture et pour la facilité de la manœuvre. Cette dimension est de 2 mètres.

DU SAC DE SAUVETAGE (*pl. 14, fig. 12.*)

160. Le sac de sauvetage est composé de 3 bandes de fort treillis, d'une largeur de 80 centimètres, et d'une hauteur de 1 mètre 20 centimètres. A sa partie supérieure est un cercle en fort fil d'archal sur lequel le bord s'enroule, et est arrêté par une bonne et solide couture; un pareil cercle se trouve aussi à sa partie inférieure.

Trois cordes C (fig. 12), partant du fond et courant le long des parois à l'extérieur, se réunissent au centre au moyen d'un anneau fortement attaché et passant dans un autre anneau A (figure 12) qui sert à suspendre le sac à un appareil que j'appellerai levier à potence, s'adaptant à l'appui des croisées (pl. 14, fig. 11), ou bien encore à une poulie, ou à un piton (pl. 11, fig. 20) solidement scellé ou vissé à la partie supérieure dans le linteau de pierre ou de bois de la fenêtre,

comme je l'ai recommandé dans le chapitre 5 de la première partie. (Voir page
57.)

DU LEVIER A POTENCE (*pl.* 14, *fig.* 14.)

161. Ce levier se compose de deux pièces de bois de chêne de 1 mètre 20 centim.
de longueur (fig. 14), assemblées parallèlement et maintenues à leurs extrémités
par deux boulons en fer (fig. 14). Ces
pièces de bois sont garnies en dessous de
bandes de fer pour les préserver du frottement.

Entre les deux se trouve une autre pièce
de bois de noyer mobile (fig. 14), ayant
aux deux tiers de sa hauteur et en dedans
un écrou (fig. 14) pour recevoir une forte
vis de pression armée d'un T qui s'enlève
à volonté pour faciliter les manœuvres de
pression T (fig. 14).

A l'extérieur sont deux crémaillères en
fer C (fig. 14) qui servent à maintenir le
système consolidé déjà par la pression, et
en outre par une tringle de fer D (fig. 14),
dont la partie recourbée opère aussi une
pression considérable contre la paroi extérieure du mur de la fenêtre.

Cet appareil est capable de supporter
un poids de 500 kilogrammes, et achève
de se consolider, quand la localité le permet, par un piton fixé au parquet ou au

plancher du logement et auquel on attache une corde. La solidité et la commodité de ce levier à potence ont été expérimentées et surabondamment prouvées par l'application que j'en ai fait lors des exercices qui ont eu lieu à la caserne de l'Oratoire, le 20 février dernier.

CHAPITRE IX.

Description de la voiture.

162. Après avoir donné tous les détails de la pompe, de son mécanisme et de ses accessoires, il me semble que c'est ici la place naturelle de la description de la voiture servant de moyen de transport de ces divers engins sur le lieu d'un sinistre.

163. La description que je donne ici est tracée non-seulement d'après les connaissances que j'en ai personnellement et que tout le monde peut acquérir par le simple examen, mais encore d'après les renseignements que j'ai recueillis auprès de

M. Bernaudat, officier des pompiers, charron à Bréviandes, de plusieurs forgerons, de plusieurs autres personnes et de quelques architectes.

DE LA VOITURE *(pl. 3, fig. A.)*

164. La voiture servant d'ordinaire à transporter une pompe à incendie est composée de deux limons, six éparres, deux échantignolles, un tablier, un coffret, un dossier, un essieu et deux roues.

Les limons (fig. B) doivent être en frêne bien sain, fendu et purgé de moëlle. Il faut chercher, autant que possible, à ce qu'il soit naturellement contourné comme il doit l'être. S'il est droit et qu'il faille le courber par l'art, il pourrait facilement se fendre et se casser. Il n'est pas moins essentiel qu'il soit coupé en bonne lune et en bonne saison, afin que le ver ne s'y mette pas.

La longueur des limons est de 4 mètres 40 centimètres, savoir : la limonière de 2 mètres, depuis l'extrémité antérieure jusqu'à la première éparre ; 2 mètres 40 centimètres, depuis cette éparre jusqu'à l'extrémité postérieure.

165. Les échantignolles sont placées au milieu, à partir de la première éparre, jusqu'à l'arrière, ce qui fait une longueur de 1 mètre 20 centimètres de chaque côté,

à partir du coffret à l'arrière. Les limons sont entaillés de six mortaises destinées à recevoir les éparres qui joignent et retiennent les deux limons.

166. Les éparres des extrémités (pl. 3, fig. O), doivent avoir de longueur 1 mètre 7 centimètres, d'épaisseur 10 centimètres, et de largeur 7 centimètres. Elles doivent être à feuillure pour recevoir les planches du tablier ou fond de la voiture.

167. Ce fond (pl. 3, fig. C) se compose de plusieurs planches rainées et assemblées, en bois de chêne bien sec, blanchies et polies à leur surface, attachées avec des boulons à écrous ou avec des pointes sur les éparres. La longueur totale de ce fond doit être de 2 mètres 30 centimètres, sur une largeur de 1 mètre 10 centimètres. Deux fortes tringles en bois sont fixées sur le fond pour empêcher le patin de la pompe de vaciller d'un côté ou de l'autre, et sur lesquelles, d'ailleurs, sont placés, à quelques centimètres du coffret, des crochets à demeure, à vis à bois, pour arrêter le patin. Des crochets à charnière et à demeure sont placés à l'autre extrémité de ces tringles; la patte en est à demeure et le crochet mobile; la tête est percée d'un trou pour recevoir un boulon. Ce boulon lui-même a un œil à sa partie

supérieure pour recevoir une petite chaîne afin de le fixer au fond de la voiture.

DES ÉCHANTIGNOLLES (*pl.* 3, *fig.* N.)

168. Ce sont deux morceaux de frêne de 50 à 60 centimètres de longueur, et de 10 à 15 centimètres de hauteur. Vers leurs extrémités, elles vont en diminuant en forme de sifflet, et ont au milieu une entaille pour placer l'essieu. A 12 centimètres environ de leurs extrémités, elles reçoivent deux boulons qui les retiennent fortement joints aux limons avec lesquels elles s'assemblent à queue d'aronde.

DU COFFRET (*pl.* 3, *fig.* J.)

169. Le coffret est composé de quatre montants en bois de chêne ou de frêne portant de 2 à 8 centimèt. d'équarrissage, avec rainures sur deux faces, et mortaises pour recevoir les panneaux. A 8 centimètres de leur base se trouve un boulon pour les fixer sur le côté des limons. Les écrous doivent être en dessous de la voiture. Les panneaux doivent être en planches de chêne, celui de devant d'une longueur de 1 mètre et d'une hauteur de 50 centimètres. Les mêmes dimensions s'appliquent à celui de derrière. Les panneaux de côté, de même hauteur, n'ont de longueur que 25 centimètres. Tous ces panneaux doivent être à tenons, pour s'assembler avec les montants.

170. Ce coffret, qui sert de banquette, doit être placé à environ 30 centimètres en arrière de la premièr eéparre, à laquelle est fixée une planche, soutenu par deux montants attachés à la limonière. Cette planche est destinée à préserver les personnes qui quelquefois siégent sur le coffret, des ordures du cheval, et à leur servir d'appui pour les pieds.

DU DOSSIER *(pl.* 3, *fig.* I.)

171. Le dossier doit être composé de sept tringles de fer fixées au coffret au moyen de deux vis à bois. Deux de ces tringles sont placées aux angles de devant, deux aux angles de derrière, et deux entre celles-ci, espacées de 40 centimètres environ. La septième, formant le dessus ou appui, est arrondie et coudée dans les angles, presqu'en forme de demi-cercle.

Il y a des pompes, comme celles de Jeugny, de Laubressel, qui n'ont point de dossier. C'est un inconvénient, car le lieutenant de Laubressel, se rendant au feu de Menois, en 1835, est tombé, par un heurt de la voiture, et s'est cassé la jambe. Cette blessure lui a valu une pension de 300 fr.

A chaque côté du coffret, il doit y avoir deux contre-gogues, une de 40 à 45 centimètres, et l'autre de 10 centimètres de hauteur au-dessus du limon. Les deux plus hautes sont pour recevoir les leviers de manœuvres, maintenus par une clavette; les deux plus basses, celle de gauche, sert à placer le levier qui se met au bout des limons; celle de droite pour placer le crochet portatif (pl. 11, fig. 15.)

172. Les extrémités d'avant et d'arrière des limons doivent être ferrées, pour les rendre moins susceptibles de détérioration quand ils reposent à terre pour le déchargement et le rechargement de la pompe. A l'extrémité du derrière des limons il y a aussi des gogues de 40 à 45 centimètres de hauteur, avec épaulement à 10 centimètres de leur bout inférieur, qui les arrête sur le limon au moyen d'un écrou en dessous. Dans le haut est un œil de 5 centimètres de diamètre, pour recevoir les leviers de manœuvre. Deux autres gogues de 10 à 15 centimètres de hauteur, comme sur le devant, l'une pour le levier, l'autre pour le crochet (pl. 11, fig. 1). Une barre de fer (pl. 3, fig. J) remployée aux deux bouts, sur les limons, doit être fixée avec

des boulons à écrou sur l'éparre de devant et sur celle de derrière, pour empêcher l'écartement du limon lorsque l'on décharge et qu'on recharge la pompe.

173. Les limons (pl. 3, fig. B) doivent être, à leur extrémité antérieure, armés de crochets assez forts pour atteler au besoin plus d'un cheval. Car il peut arriver que la pompe ait à parcourir des routes difficiles et impraticables sans le secours d'un ou de plusieurs chevaux.

Au centre de la limonière il y a des pitons (pl. 3, fig. K) destinés à retenir les chaînes de 75 centimètres de longueur, et qui ont à leur extrémité libre des crochets pour les adapter au collier du cheval, à 25 centimètres du bout.

Une autre gogue se trouve à 20 centimètres du bout et au-dessous de chaque côté avec un anneau de même diamètre que les autres, mais non entièrement fermé (pl. 3); les bandes de fer dont elles sont formées seront percées de deux trous pour les fixer aux limons avec des vis à bois. A chacun des limons, et de chaque côté du coffret, il faut nécessairement un marchepied (pl. 3, fig. L).

174. Beaucoup de voitures ont été livrées aux communes, sans être pourvues de cet accessoire; c'est un inconvénient, car le coffret servant de siége à trois pom-

piers et à un conducteur, ils ne peuvent se hisser alors qu'en passant par-dessous le balancier, dont la partie antérieure touche au dossier, et il arrive souvent que les personnes qui montent ne sont pas pourvues de toute l'agilité désirable. Un seul marchepied est insuffisant aussi, puisqu'alors, pour faire monter deux hommes, il faut un temps double qu'avec deux marchepieds.

175. La pompe de Moussey n'en avait point, je lui en ai fait ajouter deux ; celle de Bûchères n'en avait qu'un, je lui en ai fait mettre un second, ainsi qu'à celle de Courgerennes.

Si je ne cite que ces pompes pour exemple, c'est qu'elles sont sous mes ordres ; mais il y en a beaucoup d'autres qui sont encore sans marchepieds. Les limons étant à 75 centimètres au moins de hauteur, les personnes qui doivent monter courent le risque de se blesser, surtout quand, pour porter du secours, elles sont obligées de le faire précipitamment.

DE LA ROUE *(pl. 3, fig. F.)*

176. La roue est composée des pièces suivantes : un moyeu, quatorze rais, sept jantes, un cercle, une boîte, quatre cordons, quatorze boulons pour tenir le cercle à la roue. Le moyeu D (pl. 11) doit être

en bois d'orme ou de tortillard, d'une longueur de 30 centimèt., de 80 centimèt. de
circonférence au milieu, compris les cordons, de 70 centimèt. de circonférence au
gros bout, et de 58 centimèt. seulement à
l'autre extrémité, aussi compris les cordons. A son milieu, le moyeu est percé,
de part et d'autre, d'un trou pour recevoir une boîte en cuivre (pl. 3, fig. Q). Le
poids total des boîtes est de 5 à 6 kilog. Les
cordons sont au nombre de quatre pour
empêcher le moyeu de se fendre. Les deux
du petit bout doivent être plus larges que
ceux d'auprès des échantignolles, et le
dépasser pour protéger et conserver le
bois ; les huit ensemble doivent peser 8 à
9 kilogrammes. Le moyeu a quatorze mortaises pour recevoir les extrémités des
rais. La roue de la voiture dont nous venons de parler doit avoir 1 mètre 50 centimètres de diamètre.

177. Les rais (pl. 3, fig. G) doivent
être en bois de chêne très-sec, de 55 centimètres de longueur environ, et de 15
centimètres environ de circonférence à
leur centre. A chaque extrémité est un
épaulement, et ils se terminent par un
tenon dont un sert à assembler les rais
avec le moyeu, et l'autre avec les jantes.

178. Les jantes (pl. 3, fig. H) sont des
morceaux d'orme ou de hêtre que l'on

dresse en plateaux, et quand ils sont bien secs, on les courbe sur un calibre. Avec six ou sept jantes, on fait une roue.

A quelques centimètres de leur extrémité il doit y avoir une mortaise pour recevoir le tenon des rais. A son bord supérieur, la jante est carrée pour recevoir le cercle ; à son bord inférieur elle est arrondie. Autour des mortaises il doit y avoir une place pour recevoir les épaulements des rais. A chaque bout, et dans l'épaisseur de la jante, il doit y avoir un trou pour recevoir un goujon, afin de réunir les jantes ensemble. A 18 centimètres environ de chaque extrémité de la jante, et dans l'épaisseur, il doit y avoir un boulon qui prévienne le fendillement que pourraient occasionner les boulons qui tiennent le cercle, ou les goujons qui servent à l'assemblage des jantes.

179. Le cercle (fig. M) est une bande de fer pesant 36 à 37 kilogram., moins large que les jantes d'un demi centimètre. Les deux extrémités sont réunies par une bonne soudure. Cette bande doit être posée bien chaude sur la circonférence de la roue et être percée de douze à quatorze trous pour recevoir les boulons qui fixent le cercle sur les jantes. Ces trous doivent être fraisés pour recevoir les boulons qui traversent les jantes de part en

part, et sont arrêtés en dedans par des écrous.

180. L'essieu (pl. 3, fig. E) est une pièce de fer de 6 à 7 centimèt. carrés. La longueur ordinaire est de 1 mèt. 80 centimèt., arrondie, par les bouts, sur une longueur de 30 centim. La partie qui traverse le moyeu, qui s'appelle fusée, doit être tournée et taraudée à ses bouts, l'un à droite et l'autre à gauche, pour recevoir un écrou, et percé après le taraudage, pour recevoir une clavette, afin que si l'on changeait la marche d'avant en arrière et d'arrière en avant, les écrous ne se dévissent pas. Auprès de la partie carrée de l'essieu il doit y avoir une rondelle pour empêcher le frottement contre les échantignolles. Un essieu doit être fait de quatre bandes de fer, bien corroyé, sans interstices ni cavité.

L'essieu d'une seule pièce pouvait être interdit avant qu'on en fabriquât en fer de roche, qui ont toutes les qualités des essieux en fer corroyé, et même leur sont supérieurs.

Exemple : En 1833, nous revenions de chercher en ville la pompe acquise par la commune de Moussey. Nous n'étions que quatre montés sur le coffret; le cheval marchait au trot : étant arrivés à la hauteur de la rue du Temple, à un demi-kilomètre de distance du mécanicien, l'essieu s'est rompu près de la fusée ; la voiture est tombée sur le côté, et tous quatre nous avons été jetés sur le pavé, qui d'un côté, qui de l'autre, nos casques roulant loin de nous. Je pourrais citer bien d'autres faits analogues. L'essieu a été remplacé par un autre en fer corroyé, et la pompe de Moussey, qui, comme tant d'autres, a eu malheureusement trop d'occasions de marcher dans un grand nombre de sinistres, n'a pas éprouvé le moindre accident.

L'essieu est fixé au limon au moyen d'entailles pratiquées à cet effet. Il doit y avoir deux trous au-dessous des échantignolles pour recevoir des goujons, afin d'empêcher le vacillement de droite à gauche. Au-dessous des échantignolles se trouve aussi une bande de fer de 15 centimètres environ, pour empêcher l'essieu de sortir de son encastrement. Cette bande de fer, à son extrémité, est percée d'un trou qui reçoit un boulon à vis, passant à travers l'échantignolle et le limon.

181. Si je me suis appliqué à donner un aussi long détail de la voiture, de ses roues et de son essieu, etc., etc., c'est d'après la longue expérience que j'ai acquise du service qu'on peut attendre des voitures de genres différents, et qui toutes ne présentent pas les mêmes avantages pour

le transport des pompes d'une commune à l'autre. C'est d'après les avis que j'ai pris auprès de charrons, carrossiers, mécaniciens, qui tous ne connaissent pas les difficultés que présentent trop souvent la viabilité dans les campagnes, où l'on trouve des endroits où quatre et cinq chevaux deviennent nécessaires pour tirer une pompe d'un mauvais pas.

182. En vain m'objectera-t-on que partout on a établi des chemins vicinaux et des voies de communication bien entretenus. Je réponds qu'il y a encore bien des localités privées de cet avantage ; que de bien mauvais chemins, à peine tracés, conduisent dans les hameaux écartés, annexes des communes. Qu'il y a des fermes isolées, éloignées de un, deux, trois kilomètres et même plus des villages, et qu'il serait pénible, déplorable, de ne pouvoir porter des secours dans les fermes qui valent quelquefois, avec leur mobilier, 20, 30 et 40,000 fr., à cause de la faiblesse de la voiture, ou parce qu'elle serait d'un système à en rendre l'usage difficile, impossible même quelquefois.

183. Une voiture de pompe doit être de force à porter une charge équivalente à celle de quatre à cinq pièces de vin.

Exemple. Les sapeurs-pompiers de St-Thibault, arrivant à Bréviandes pour porter secours dans un incendie, en 1839, étaient seize ou dix-sept montés sur la voiture, formant ensemble un poids d'environ 1,000 à 1,200 kilogrammes. Pour les pompes qui restent en ville et qui ne sont pas destinées à un long parcours, les voitures peuvent être d'une moindre force. Dans les communes qui ont deux ou plusieurs pompes, celle qui est destinée à ne pas sortir peut être plus faible que celle destinée au voisinage.

Mais la voiture à quatre roues doit être à jamais proscrite. Ce genre ne peut avoir mon approbation, surtout dans les campagnes. Et s'il en existe quelque part, elles ne doivent jamais être mises en marche dans de mauvais chemins, où elles peuvent être arrêtées dans leur trajet, et former obstacles aux pompes qui arriveraient après elles. Ces voitures sont basses de roues et ne peuvent être que difficilement déchargées de leurs pompes ; et lorsqu'il faut manœuvrer, faire des conversions à droite, à gauche, en avant ou en arrière, cela devient impossible, si ces roues se trouvent, ce qui est très-ordinaire, enfoncées dans des ornières. Les pertes de temps occasionnées par tous ces inconvénients sont largement compensées par le genre de voiture auquel je donne une juste préférence.

CHAPITRE X.

Du dépôt de pompe.

184. Après avoir donné le détail **exact** des pompes, de leurs diverses pièces, celle de la voiture et de toutes ses parties, j'arrive à la description du dépôt de pompe qui sert de remise et de magasin.

185. Il est de toute nécessité et tout-à-fait indispensable que les pompes, leurs agrès et leurs voitures soient logés convenablement. Beaucoup de communes n'ont pas d'autres logements pour leurs pompes que des granges, hangars ou remises tout-à-fait impropres.

Pour qu'un dépôt de pompe soit parfaitement approprié à sa destination (pl. 4), il faut lui donner 8 mètres de longueur, sur 8 mètres de largeur. Sur cette largeur, 4 mètres seront destinés à la construction du corps-de-garde et du violon, qui en est l'accessoire.

Ce violon devra être grillé, mais éclairé suffisamment, pour allier la sûreté avec la salubrité.

Je donne ces dimensions, parce que de cette manière, si la commune est pourvue d'une seconde pompe ou d'une voiture pour conduire des paniers à incendie, cette voiture se trouve logée près de la pompe, sous la surveillance et sous la main du sous-officier garde-magasin.

186. La partie disposée pour un corps-de-garde, pourrait, à défaut d'autre local, servir de chambre de réunion pour le conseil de famille de la compagnie, et même au besoin pour le conseil municipal.

187. Dans les pays où la pierre est abondante, il faudra que ces constructions en soient faites, sinon, en briques ; mais si la nécessité oblige à construire en bois, il faudra avoir soin de faire revêtir les murs, tant à l'intérieur qu'à l'extérieur, d'un bon crépis de chaux et de sable, afin qu'il puisse résister à l'action des flammes.

188. La partie consacrée à la pompe doit être pavée ou dallée, en ayant soin de donner une pente suffisante et de ménager une rigole pour l'écoulement des eaux.

189. L'air y devra circuler librement au moyen d'ouvertures grillées, afin de préserver les boyaux de la moisissure.

190. Des chevilles de 35 à 40 centi-

mètres de longueur, devront être disposées dans les murs au-dessous du plafond, afin de pouvoir y suspendre, en demi-cercle, les boyaux qui, par ce moyen, se trouveront toujours bien égouttés. (Pl. 11, fig. 6).

191. Ce dépôt de pompe sera surmonté d'un paratonnerre.

192. Dans un des angles de ce dépôt, il pourrait y avoir une armoire disposée pour contenir les objets de détails qui demandent un soin plus particulier.

193. Ce dépôt sera fermé d'une bonne et forte serrure, ayant plusieurs clefs, dont une sera entre les mains du sergent garde-pompe, une chez l'officier, à la mairie, ou dans toute autre maison placée près du dépôt, et dont les habitants ne s'absentent jamais tous ensemble.

194. Les sapeurs-pompiers composant la compagnie devront tous connaître le lieu du dépôt et les dépositaires de ces clefs.

195. Il est essentiel que tout dépôt de pompe soit isolé de tout autre bâtiment, au centre des localités qu'il dessert, et si la commune a deux ou plusieurs pompes, il sera très-bien de les placer dans des dépôts différents et respectifs.

Nomenclature d'autres objets indispensables au service des pompes et la plupart l'accompagnant.

196. Cuviers.
Tuyaux à hélice.
Lanternes et fallots.
Seaux à incendie.
Masques d'aspiration.
Eponges à main.
Eponges à perche.
Echelles à crochets.
Echelles à l'italienne.
Couvertures de pompes.
Filagore.
Goudron.
Saindoux.
Huile.
Brosses, etc.

197. Je crois devoir ici mentionner le dépôt de pompe de Lusigny comme étant un modèle à imiter. Lorsque j'ai eu l'honneur de visiter M. Jacob, officier de sapeurs-pompiers, j'ai été presque surpris et très-satisfait de l'ordre qui règne dans ce magasin, tenu comme il est rare d'en trouver ailleurs. J'ai trouvé là deux pompes foulantes et une pompe alimentaire, avec cent mètres de boyaux de chanvre, afin de faire arriver l'eau dans les pompes foulantes sans la moindre perte de temps.

Je suis heureux quand je trouve l'occasion de citer le nom d'un collègue et de donner à des communes les éloges que méritent les efforts qu'elles font pour l'organisation du service de leurs pompes. Voilà pourquoi j'ai parlé de Lusigny et de M. Jacob.

198. J'indiquerai au chapitre des exercices et des manœuvres comment toutes les pièces d'une pompe peuvent et doivent être démontées et remontées.

199. Le graissage doit avoir lieu au moins deux fois par an pour les pompes qui sont en magasin ; mais on ne doit jamais oublier de faire cette opération chaque fois qu'une pompe revient de la manœuvre et de l'incendie.

200. Lorsqu'il s'agit de procéder à cette opération, il est très à propos de choisir un jour de beau soleil, afin de faire pénétrer facilement et tout à fait la graisse dans les pores du cuir. On doit ensuite rouler les boyaux en spirale.

201. La graisse dont on se sert est composée de cinq parties de saindoux, une partie de goudron, et quatre parties d'huile de pied de bœuf. Le tout doit être long-temps et soigneusement mélangé. Le goudron, outre qu'il défend le cuir de la moisissure, a la propriété d'éloigner les

vers et de défendre les agrès de l'attaque des souris et des rats.

202. Lorsque les pompes sont remises dans leurs dépôts ou sous les hangars qui en tiennent provisoirement lieu, il faut les recouvrir de couvertures en toile de coutil serré, afin de les préserver autant que possible des avaries. La poussière, en tombant sur les parties grasses, formerait bientôt, sans cette précaution, une couche épaisse et visqueuse qui nuirait au bon service de la machine.

Mais, malgré cette précaution, il faut de temps en temps enlever cette couverture pour épousseter la poussière qui pourrait s'être introduite dessous.

203. Les roues des pompes et celles des tonneaux, si les communes possèdent de ces derniers, doivent être soigneusement graissées.

Observation importante. Il serait bien nécessaire, et je dirai même qu'il est d'une indispensable nécessité que toutes les pompes à incendie, celles au moins d'un département, fussent construites toutes sur le même modèle; que les vis, écrous et autres pièces qui les composent soient du même calibre, toutes poinçonnées au nom de la commune à qui elles appartiennent, afin que partout elles pussent se raccorder et être facilement remplacées les unes par les autres.

On comprend facilement l'avantage qui résulterait de cette uniformité. Par exemple, si deux pompes avaient à manœuvrer dans un incendie et que des pièces vinssent à manquer à l'une ou à l'autre, on pourrait suppléer aux défectuosités de la moins endommagée par les pièces de celle qui le serait davantage.

On a introduit cet usage de pièces de même calibre dans les arsenaux et manufactures d'armes de l'Etat. Il pourrait en être de même à l'égard des pompes, dont le service est d'une si haute importance.

204. Il arrive souvent, dans les incendies, qu'il y a un nombre plusque suffisant de pompes. Dans ce cas, les boyaux de celles qui ne sont pas employées pourront être aisément raccordés.

205. Ce changement n'occasionnera pour les communes qui auront à le faire, que la modique dépense de 9 francs pour les deux boîtes de raccordement. Dépense insignifiante en comparaison du service qu'on en retirera.

CHAPITRE XI.

Inspection des pompes et de tout le matériel accessoire.

206. Maintenant que nous avons décrit les machines en usage pour combattre les incendies, et le lieu où elles sont conservées, il nous semble d'un haut intérêt pour les communes qui se sont constituées en frais, quelquefois très-onéreux pour elles, de faire surveiller ce matériel, afin d'empêcher qu'il ne périclite, et que par des avaries il ne devienne insuffisant ou inutile au moment de combattre un sinistre.

Nous avons dit ailleurs que le sergent instructeur devait avoir la surveillance du dépôt de la pompe elle-même et de tout son matériel. Nous pensons que pour rendre cette surveillance efficace, il serait à propos d'établir par canton une inspection qui serait exercée par un officier choisi, après examen et concours publics, par l'autorité.

207. Pour être officier inspecteur, il

faudrait avoir des connaissances spéciales et approfondies de la manœuvre, de la manière de monter et de démonter les pièces et les diverses parties d'une pompe. Il faudrait surtout avoir donné des preuves non équivoques dezèle éprouvé joint à la capacité.

En effet, cet inspecteur, qui aurait rarement, peut-être, mais enfin trop souvent encore des reproches de négligence ou d'incapacité à adresser, ne pourrait donner de poids et d'autorité à ses reproches, à ses éloges ou à ses simples observations, si ses connaissances et son aptitude n'étaient incontestables et incontestées.

208. Cette nomination pourrait être faite par M. le Préfet, qui aurait à donner une commission de cet emploi à celui qui aurait le mieux subi les épreuves du concours.

209. Les rapports de cet officier devront être adressés aux maires de chaque localité, quand l'inspection, annuelle au moins, n'aura pu être faite conjointement avec lui, afin que ce magistrat soit mis en demeure de faire réparer le dommage existant ou prendre des mesures pour l'éviter à l'avenir.

210. La nécessité de l'établissement de cette inspection a été reconnue, en

1844, par MM. les maires de vingt-trois communes du canton de Bouilly, qui, par une lettre adressée à M. le préfet de l'Aube, datée du 12 décembre 1844, enregistrée au secrétariat de la préfecture sous le n° 166, lui ont demandé la création d'une inspection pour leur canton, en voulant bien me désigner comme leur paraissant devoir remplir les conditions qu'ils désirent de rencontrer dans celui auquel ces fonctions pourraient être confiées. Je profite de cette occasion pour remercier bien sincèrement de leurs honorables suffrages MM. les maires de ces communes, mes collègues MM. les officiers, et tous mes camarades les sapeurs-pompiers de ce canton.

211. Ma reconnaissance ne pourra mieux se manifester qu'en assurant à tous, qu'à leur exemple, je m'efforcerai toujours d'être utile à la société, à mes concitoyens, en leur consacrant, en toute rencontre, mon énergie, ma bonne volonté, ma vie même à l'occasion, comme je leur consacre dans cet ouvrage tout ce que je puis leur offrir des leçons que j'ai reçues de l'expérience acquise près d'eux dans leurs rangs, dans maintes occasions, où je n'avais qu'à les imiter pour bien faire.

212. La statistique suivante donnera une

preuve de la nécessité de veiller avec soin à la conservation d'un matériel qui est considérable.

Le département de l'Aube compte 447 communes, dont 277 sont pourvues de pompes. Reste 170 qui manquent encore de cet instrument si utile.

Les 277 pompes sont servies par 18 compagnies de 60 hommes
chacune, ci. . . . . . 1,080 hom.
Et par 257 subdivisions
de 25 hommes chacune,
ci. 6,425
               Total. . . 7,505 hom.

On peut, attendu qu'il y a des hommes qui ont des fusils leur appartenant, porter le nombre des fusils à
l'état, à 6,000, à 30 f. l'un, ci. 180,000 f.
6,000 sabres, à 4 fr. l'un, 24,000
300 pompes (quelques communes en ont plusieurs), coûtant, prix moyen, 1,200 f., ci. 360,000
277 dépôts de pompes, coûtant à construire, approxim^t 277,000
7,505 habits de feu, casques, etc., estimés par homme, 18 fr., ci. 128,090
               Total. . . 969,090 f.

Le département de l'Aube étant pris comme terme moyen, si l'on multiplie par 86 départements, on trouve un matériel s'élevant, sans que ce calcul puisse être taxé d'exagération, à une somme de 83,354,000 fr., pour un matériel dont le bon entretien sera rendu possible, certain, par l'institution des inspecteurs cantonaux d'arrondissement et de département.

Je propose l'exemple du canton de Bouilly pour la nomination d'un inspecteur cantonal des pompes. Cette création me paraît le complément nécessaire, indispensable, d'un personnel bien organisé et d'un service convenable.

214. On pourra toujours trouver, j'en suis certain, des hommes assez zélés pour accepter ces fonctions cantonales ou d'arrondissement. Pour moi, j'assure que je suis tout disposé à accepter ces fonctions et à les exercer gratuitement dans le canton qui me fera l'honneur de me les confier. Quant à l'inspection départementale, son importance n'échappera pas à la haute intelligence de l'autorité supérieure. D'accord avec le conseil général, cette autorité pourra aviser aux moyens de rendre cette inspection efficace, en accordant des honoraires à l'officier qui en serait chargé. En effet, une cotisation commu-

nale de 3 fr. par pompe, assurerait des honoraires de 1,540 fr. à cet employé.

215. Cette organisation pourrait être établie parallèllement à celle prescrite pour les armes des gardes nationales, par l'ordonnance royale du 28 octobre 1833, rendue pour l'exécution de la loi du 22 mars 1831, d'autant mieux qu'il serait parfaitement convenable que ces inspecteurs fussent chargés du service spécial de surveillance de l'armement. (Voir l'ordonnance du 24 octobre 1833, art. 1, 2, 3, 4 et 5.)

CHAPITRE XII.

Exercices et manœuvres.

216. C'est au gymnase préparatoire, dont nous avons donné la description au chapitre VI, n° 111, que les sapeurs-pompiers doivent apprendre les premiers exercices, recevoir la première leçon,

PREMIÈRE LEÇON.

217. Les pièces du gymnase étant prêtes, le professeur, commençant par les sous-officiers, leur enseignera les moyens à prendre pour le démonter et le remonter. Les sergents et les caporaux procéderont ensuite. (Pl. 1re.)

218. Lorsque le gymnase, avec ses accessoires, sera monté, le professeur ou le moniteur enseignera les diverses manœuvres relatives à chacune des pièces qui le composent.

219. Après ces exercices et ces épreuves, le sergent, les deux caporaux et les cinq sapeurs-pompiers reconnus les plus capables, formeront la première section et porteront sur le bras gauche le galon de premier soldat.

220. Pendant cette première leçon des sapeurs-pompiers, les porte-hache prendront connaissance de la construction des bâtiments ; ils s'exerceront à la sape en cas de besoin. Il est en effet bien nécessaire qu'ils puissent connaître les diverses pièces de ces charpentes. (Pl. 15).

DEUXIÈME LEÇON.

221. Pour cette leçon, on fera mettre les hommes sur deux rangs, par ordre

de taille ; les sapeurs porte-hache en tête, les tambours et clairons à leur distance ordinaire. (Pl. 6). La première section à droite, la deuxième section à gauche.

L'instructeur commandera :

A droite, alignement.

Il justifiera cet alignement, et quand il aura reconnu les hommes bien placés, il commandera :

Fixe.

Observation. Si le dépôt de pompe se trouve à portée de la place d'armes, on fera sortir la pompe avant de former les sections.

222. *Par le flanc droit ; à droite, marche.*

Lorsqu'on sera arrivé au dépôt de pompe, l'instructeur commandera :

Halté.

Les hommes s'arrêteront tous sur le pied gauche, et rapporteront le pied droit près du pied gauche, comme dans la manœuvre de l'infanterie.

L'instructeur fera alors faire par le flanc droit, *face au dépôt.* Il assignera de suite le poste à chaque servant. (Pl. 6). Avant de les placer à leur poste, il faudra démonter le levier de traverse et le mettre au limon. (Pl. 6).

223. Le chef de pompe se placera à gauche, le premier servant à droite, en face des

roues, à un mètre de distance du centre des moyeux (pl. 6, fig. GH, n° 1);

Le deuxième servant dans la limonière, près de la traverse (pl. 6, n° 2);

Le troisième servant derrière, près des chaînes (n° 3) ;

Le quatrième servant, à gauche (n° 4);

Le cinquième, à droite, à côté des limons, près de la traverse de devant (n° 5);

Le sixième servant, près de la gogue du limon gauche (n° 6), et le septième, en face (n° 7), en arrière sur le côté, chacun à la distance de 40 centimètres de la voiture. (Pl. 6).

224. Pendant ce temps, la deuxième section sera formée sur un rang, de chaque côté, pour examiner la manière de placer les hommes et apprendre à connaître le poste assigné à chacun des servants.

225. Si la pompe est dans le dépôt, on la sortira; elle sera placée à distance, limon à terre.

226. La deuxième section suivra la première, à distance de section, et toujours prête à remplacer la première. Les porte-hache et les tambours ou clairons marchant en tête, les premiers doivent écarter les curieux qui pourraient gêner les exercices; les clairons se tiennent à portée de l'instructeur, pour répéter les

signaux. Avant de mettre les limons à terre, l'instructeur commandera :

Division, halte.

Limons, terre. (Pl. 5, fig. 1re).

Observation. Cette figure représente une pompe, système de Paris, manœuvrée par trois hommes ; elle suffit pour donner une idée de la position des huit sapeurs occupés à la manœuvre de notre pompe. (Voyez pl. 5, fig. 1.)

Le commandement sera précédé d'un coup de sifflet.

227. Les limons mis à terre, on fera remettre les hommes en place, dans la position du soldat sans armes, et on commandera :

Repos à volonté.

Chaque homme alors sera libre et pourra disposer de soi.

228. Si, au contraire, l'instructeur voulait faire reposer les hommes à leurs postes, il commandera :

En place, repos.

229. Pour faire reprendre la manœuvre, l'instructeur fera sonner du clairon ; chaque sapeur alors reprendra sa place, ainsi que nous l'avons indiqué plus haut.

230. La première section étant à droite, la deuxième à gauche, les porte-hache et

les tambours à leur place de bataille, l'instructeur commandera :

Garde à vous.

A droite, alignement.

Et après vérification :

Fixe.

Par le flanc droit, droite.

231. Il leur indiquera la place que doit occuper chacun d'eux, suivant le poste qui leur a été assigné, comme nous l'avons déjà dit.

Première section, à vos postes.

Les porte-hache et les tambours marchant en tête, on passera de chaque côté de la pompe qui sera posée de manière à ce que l'on arrive toujours par derrière ; le chef de pompe à gauche armé de la lance, et le 1er servant à droite ; tous deux sont armés d'une corde de sauvetage.

Le deuxième servant passera entre le chef et la roue ; le troisième en fera autant de son côté à droite ; le quatrième suivra le deuxième ; le cinquième suivra le troisième, jusqu'à ce qu'ils soient près de la traverse ; le sixième restera derrière, en face de la gogue, à 40 centimètres de la voiture, et le septième, vis-à-vis, à la même distance. Chaque sapeur prendra alors la position du soldat sans armes.

232. La seconde section devra, pendant ce temps, rester immobile. Lorsqu'on

voudra la faire mettre en marche, l'instructeur donnera un coup de sifflet pour avertir.

L'instructeur voulant faire lever les limons, commandera :

1° *Garde à vous ;*

A ce commandement, l'attention est fixée.

2° *Sapeurs ;*

Alors les hommes s'apprêtent.

3° *Au levage.* (Pl. 5, fig. 2).

A ce commandement, les sapeurs placés à l'avant se baissseront vivement, saisiront tous ensemble la traverse, les onglés en dessous ; le troisième servant arrivant à son poste passera le crochet d'une chaîne, dans la maille de l'autre. (Pl. 5, n° 2).

Au commandement : *en avant,* on se tiendra prêt à marcher, et à celui de *marche,* tous les hommes partiront du pied gauche, au pas ordinaire.

La deuxième section suivra à distance ordinaire de section.

233. Il convient de battre ou de sonner la mesure, afin de faire bien prendre le pas aux hommes.

234. Lorsque l'instructeur voudra faire changer la marche d'en avant en arrière, il donnera d'abord un coup de sifflet, puis il commandera :

Division, halte.
En arrière.

Les porte-hache et les tambours ou clairons se retireront : 1° les sapeurs de l'avant cesseront de tirer, et ceux de derrière de pousser : le chef et le premier servant feront face, l'un à droite et l'autre à gauche, et se mettront à la position du soldat sans armes ; 2° les sapeurs de l'avant passeront du dedans au dehors de la traverse ; ils élèveront un peu la limonière, et le deuxième servant passant par-dessous fera demi-tour à droite et face au derrière ; le troisième servant faisant demi-tour à gauche fera face au coffret ; le quatrième, faisant demi-tour à droite, passera au bout du levier de manœuvre, et le cinquième fera demi-tour à gauche. Le chef de pompe portera la main gauche au coffret, et le premier servant y portera la main droite. Le sixième servant fera demi-tour à droite, le septième demi-tour à gauche, et s'éloigneront de la voiture, afin de ne pas se trouver près des roues, de manière à ce qu'elles ne leur passent pas sur les pieds.

235. Au commandement : *marche*, les hommes partiront tous du pied gauche (pl. 7), au pas ordinaire.

Observation. On ne doit jamais commander le pas accéléré au commencement de la marche; car alors il faut que les hommes dépensent toutes leurs forces pour démarrer.

236. Au commandement de *halte*, le chef de la deuxième section a répété ce commandement. Au commandement : *en arrière*, il a 1° fait faire *par le flanc droit* et *par le flanc gauche, face en tête*; 2° il a fait ouvrir les rangs, et lorsque la pompe est passée, il a commandé : *par file à droite* et *par file à gauche, marche*, ayant soin de faire observer la distance ordinaire de section.

237. On doit faire répéter ces manœuvres de marche en avant et en arrière; celles de conversion à droite, à gauche, mais au pas ordinaire, en évitant soigneusement de faire pivoter la voiture sur ses roues , et en lui faisant décrire une courbe pour éviter le bris des rais.

238. Mais lorsqu'on fera exécuter ces exercices, il n'y aura que la première section qui manœuvrera ; la seconde se mettra sur deux rangs, se tenant assez loin pour ne point gêner les mouvements, et à distance suffisante pour bien entendre les commandements et voir exécuter les manœuvres.

239. Lorsque l'instructeur voudra reprendre la marche d'en avant, il donnera un coup de sifflet et commandera : *halte*;

après avoir commandé halte, il s'assurera si les distances sont observées et dira : *marche*. (Pl. 6).

240. Au coup de sifflet, il fixera l'attention des hommes : 1° les sapeurs d'avant cesseront de pousser ainsi que le chef de pompe et le premier servant ;

2° Au commandement de *halte,* ils se replaceront comme ils étaient auparavant, se redresseront en faisant, les uns demi-tour à droite, les autres demi-tour à gauche : ceux qui ont fait un à droite feront un à gauche, et réciproquement ;

3° Au commandement de *marche,* les hommes se remettront en marche en partant du pied gauche, au pas ordinaire. La deuxième section exécutera les mêmes mouvements que précédemment, mais en les faisant à l'inverse.

241. Les tournez à droite, tournez à gauche, ne se font qu'avec huit hommes. Ces manœuvres se font pour apprendre aux hommes à tourner, dans un sinistre, avec toute facilité et toute liberté.

242. Lorsqu'on est en marche, en avant ou en arrière, au pas ordinaire, l'instructeur donnera un coup de sifflet ; si l'on est au pas de course ou au pas accéléré, il commandera le pas ordinaire.

Première section : *tournez à droite.*

Première section : *tournez à gauche.*
Marche.

243. L'instructeur voulant faire arrêter, donnera 1° un coup de sifflet; 2° il commandera : *halte*; 3° *flèche à terre.* (Pl. 5, fig. 1).

Au coup de sifflet, il fixera l'attention des hommes. Au commandement de *halte*, ils suspendront la marche, les uns en cessant de tirer, les autres en cessant de pousser. Au commandement de *flèche à terre,* les sapeurs d'avant se baisseront et poseront les limons à terre, tandis que ceux de derrière appuieront des mains, afin que la voiture ne tombe pas trop rudement. Au dernier commandement : *repos,* les sapeurs se redressent, en reprenant la position du soldat sans armes; ils sont libres.

Dans ces marches en avant, en arrière, ces tournez à droite, tournez à gauche, la deuxième section a exécuté les tournez et les demi-tour avec la première section.

Observation. On fera arrêter la pompe pendant les marches d'avant ou d'arrière, afin de bien faire comprendre aux servants que si l'on se trouvait dans des endroits dont les difficultés obligeassent à un changement de marche, cela ne doit en rien retarder les secours que l'on attend d'eux.

244. Toutes ces manœuvres se font avec les pompes à deux roues, et qui se démontent facilement. Le système des pompes à quatre roues est généralement abandonné. Cependant, comme il en existe encore quelques-unes, je donnerai quelques détails sur la manière de les manœuvrer.

TROISIÈME LEÇON.

245. Cette leçon est celle à laquelle on doit apporter le plus d'attention, à cause de son importance, tant pour le déchargement de la pompe que pour son rechargement, afin que les hommes ne se trouvent pas blessés, comme il arrive souvent dans cette manœuvre.

246. Cette leçon a pour but surtout d'enseigner aux hommes : 1° toutes les mesures à prendre, les mouvements à exécuter pour le démontage et le remontage des pièces composant tout le mécanisme de la pompe ; les moyens à prendre pour les nettoyer et même de les réparer si le besoin l'exige ;

2° De donner une description minutieuse de toutes les pièces en les désignant par leur nom propre, en faisant connaître la manière la plus prompte de les réparer, afin de n'apporter aucun retard lorsqu'il s'agit de combattre un incendie ;

3° De faire connaître en détail le nom, l'usage de chacune des pièces de l'armement, avec la description de toutes ces machines ou engins ;

4° D'indiquer et de faire connaître les soins que réclament une pompe dans son dépôt, ainsi que tous les agrès ou accessoires qui servent à la mettre en fonction.

247. La pompe étant chargée sur la voiture, limons à terre, comme on le voit (pl. 5, fig. 2), l'instructeur voulant faire reprendre la manœuvre fera battre le tambour ou sonner du clairon : les sapeurs-pompiers de la subdivision reprendront les positions qu'ils occupaient précédemment.

248. Chaque homme ayant repris sa place suivant l'ordre de son numéro, l'instructeur commandera :

Garde à vous ;

A droite ;

Alignement,

Et puis l'alignement vérifié :

Fixe.

Il expliquera les manœuvres qu'il veut faire exécuter, afin que chacun sache à l'avance ce qu'il aura à faire.

249. Pour faire placer les servants de la première section à la pompe, il commandera :

1° *Subdivision, par le flanc droit, droite;*

2° *Première section, à droite et à gauche;*

3° *A vos postes;*

4° *Marche.*

Tous les hommes de la première section prendront leurs places comme il a été indiqué plus haut (pl. 6), le chef de pompe à gauche, le premier servant à la droite des roues, à un mètre de distance des moyeux; le deuxième servant dans la limonière (pl. 6, fig. 2); le troisième auprès des chaînes (pl. 6, fig. 2); le quatrième près de la traverse du limon (fig. 4); le cinquième près du limon (fig. 5); le sixième restera derrière le chef de pompe, à 1 mètre de la roue, et le septième, en face du sixième, à la même distance.

250. La pompe est armée de tous ses accessoires : en arrivant à leurs postes, le chef prend la lance, et le premier servant le sac contenant la trousse où se trouve la clef, divers outils, etc., etc., et chacun leur corde, pour ne la plus quitter. Les autres sapeurs-pompiers s'occuperont de ce qui concerne chacun leur partie.

251. La deuxième section se tiendra sur deux rangs, à distance, de chaque côté de la pompe pour la voir manœuvrer. Chaque sapeur ayant repris la position du

soldat sans armes, avant de faire prendre leurs postes aux hommes, l'instructenr fera désarmer la pompe de tout ce qui pourrait gêner à son déchargement, et tout placer de manière à ne point entraver les mouvements.

252. Ensuite l'instructeur, pour faire décharger la pompe de dessus la voiture, pour la mettre à terre sur son patin, donnera un coup de sifflet comme avertissement préparatoire, pour chaque sapeur, de faire attention et de prendre l'immobilité.

253. L'instructeur expliquera les cinq temps de la manœuvre, puis il commandera :

1° *Sapeurs, à la pompe ;*
Prenez vos positions.

A ce commandement, tous feront face à la pompe ; le deuxième et le troisième servants sortiront de la limonière.

Le chef de pompe et le premier servant se retireront en arrière et veilleront à ce que les mouvements soient bien exécutés. Le deuxième servant fait face au limon gauche ; le troisième face au limon droit. Le quatrième passe devant le chef et fait face à la roue gauche, et le troisième en fait autant du côté droit ; le sixième, par un à droite, et le septième par un à gauche, feront face à la pompe.

L'instructeur commandera alors :

2° *Désarmez*.

A ce commandement, le 6° et le 7° servants, en se portant par un à droite et un à gauche sur le derrière de la voiture, déboucleront les courroies en maintenant le sac où sont placés les seaux. Le 4° et le 5° servants déboulonneront les leviers de manœuvre qui seront enlevés.

Le 2° et le 3°, dans le même temps, retireront du coffret les boyaux pour être prêts à les monter.

Le 4° et le 5° servants reviendront promptement détacher les échelles qui seront en même temps dressées par le chef de pompe et le 1er servant.

Après un coup de sifflet de l'instructeur, au commandement :

3° *Reprenez vos positions;*

Au levage. (Pl. 5, fig. 2).

A ce premier commandement, ils prendront la position du soldat sans armes.

Au second commandement, le 2° servant se baissera vivement et saisira le limon gauche, les mains en dessus; le troisième en fait autant de son côté, et tous deux relèveront les limons à hauteur de ceinture.

254. Dans le même temps, le quatrième servant prend deux des rais de la roue, et le cinquième en prend également

deux (pl. 8), afin d'empêcher la voiture d'avancer.

Le sixième et le septième servants appuieront avec leurs mains sur la partie postérieure des limons.

255. Quand les limons seront maintenus à hauteur de ceinture pour faire mettre la pompe à terre, l'instructeur commandera :

4° *Déboulonnez.*

Pompe, terre. (Pl. 8).

Alors, le sixième servant porte la main gauche au limon, et de la main gauche il enlève le boulon et le place dans un trou disposé à cet effet; puis il fait jouer le crochet à charnière : le septième agit de la même manière de son côté, en sens inverse. L'un d'eux ou tous deux lèvent le balancier jusqu'à ce qu'il repose sur le dossier de la banquette ; le sixième servant, en se fendant obliquement du pied droit, de 40 à 50 centimètres environ, et à 20 centimètres du limon, porte la main gauche au bord supérieur de la bassine, et sa droite à la poignée; le septième servant en fait autant de la gauche, et porte sa main droite à la bassine et l'autre à la poignée de son côté.

Les deux servants de l'avant glisseront leurs mains le long des limons, jusqu'à ce que le derrière de la voiture soit à terre.

Le sixième servant saisira la poignée du patin de la main droite et portera la main gauche sur la partie supérieure de la bassine. (Pl. 6, fig. 8).

Le septième servant en fera autant, mais de la main gauche, ce que le sixième fait de la droite, et réciproquement. (Pl. 6 et 7).

Observation. Si les servants de l'avant n'avaient pas les bras assez longs pour tenir les limons à hauteur quand ils sont levés, ils prendraient le bout des chaînes.

256. Aussitôt que l'angle inférieur de derrière touchera la terre, le sixième servant quittera la main droite de dessus la poignée de l'arrière du patin et prendra celle du devant de la main gauche; le septième en fera autant de son côté, en sens inverse, et ils dresseront la pompe. En même temps le quatrième et le cinquième servants quitteront le poste qu'ils occupent et iront vivement porter les mains au bout de devant des limons pour les empêcher de tomber de haut, car les servants de devant qui ne tiennent alors que les chaînes ne pourraient en empêcher la chute. (Pl. 8).

257. Mais aussitôt que les servants de l'avant auront repris les limons en main, le quatrième et le cinquième servants aide-

ront au sixième et au septième à soutenir
la pompe par les chaînes pour la mettre
sur son patin.

L'instructeur commandera :

5° *Emmenez la voiture.*

Le deuxième et le troisième servants,
par un à droite et un à gauche, se porteront à la traverse de l'avant, retireront la
voiture et la placeront dans l'endroit indiqué par le chef.

6° *Pompe sur son patin.*

258. La pompe mise à terre sur son
patin, le quatrième servant se tiendra à
gauche, le cinquième à droite sur le devant, le sixième à gauche et le septième à
droite feront tous face à la pompe, tenant
chacun une chaîne en main. Lorsque le
deuxième et le troisième servants seront
de retour, ils iront se placer, le premier
devant le balancier, et le second derrière ;
si on veut faire exécuter quelque changement de place à la pompe, ils se trouveront tout prêts à fonctionner. (Pl. 9).

259. Si le terrain n'est pas bien nivelé,
le chef de pompe et le premier servant
s'alterneront et auront soin de veiller à
tous les mouvements.

260. Avant que de faire exécuter des
changements de place à la pompe, je crois
nécessaire de récapituler sommairement
toutes les pièces qui en composent le méca-

nisme et les moyens à prendre pour les réparer en cas d'avaries ou de bris.

261. Les servants de pompe seront placés autour de la pompe, comme nous l'avons dit. Le troisième servant de gauche restera à gauche, le troisième servant de droite restera à droite. Le chef de pompe restera près de l'instructeur, et le premier servant en face.

262. L'instructeur donnera l'explication des pièces et de leur usage ; il commencera par : 1° les leviers de manœuvres, et puis il continuera par :

2° Le balancier,
3° Les poupées,
4° L'entablement,
5° Les boulons à écrous qui fixent l'entablement sur la bassine,
6° Les corps de pompes,
7° Le récipient,
8° Le canal de sortie,
9° Les canaux latéraux,
10° Les soupapes,
11° Les clapets,
12° La bassine,
13° Le patin,
14° Les semelles du patin.
15° Les chaînes,
16° Les heurtoirs,
17° La plate-forme,
18° La voiture,

19° Les roues;
20° Les tamis;
21° Les boyaux,
22° La lance,
23° L'orifice de la lance,
24° Le levier qui est devant,
25° Les tamis en laine de M. Jacob.
26° Les paniers à feu, en toile.
27° Les paniers en osier.

263. Après que toutes les pièces ont été décrites, examinées et nettoyées, on procède au remontage en ayant soin de mettre quelques gouttes d'huile sur les pièces articulées, afin de faciliter leur mouvement et de diminuer leur résistance.

264. L'instructeur aura soin de faire connaître la manière de réparer ces différentes pièces, si l'une ou l'autre vient à manquer : il indiquera aussi la manière de goudronner à neuf les paniers à incendies.

265. Tout étant remis en place, et la pompe remontée, l'instructeur commandera :

Garde à vous.

Sapeurs, à vos postes.

Et chacun devra reprendre le poste qui lui a été assigné, comme nous l'avons déjà dit. (Voir pl. 9),

Chargement de la Pompe sur sa voiture.

266. L'instructeur voulant faire replacer la pompe sur sa voiture, commandera :

1° *Garde à vous,*

2° *Chargement en six temps,*

3° *Chargez.*

267. A ce dernier commandement, 1° les servants se baisseront pour saisir les poignées, le quatrième de la main gauche, et en portant la main droite sur la bassine ; le cinquième de la main droite, et la gauche sur la bassine. Les deux servants de derrière feront face à la pompe et aideront à la relever.

Au levage.

268. Les servants redresseront la pompe sur les heurtoirs du patin, le sixième et le septième servants se placeront à droite et à gauche pour aider à ceux de devant.

Le chef de pompe et le premier servant ont quitté l'un la lance, l'autre le sac de sauvetage, ils se replaceront à leur poste, l'un à droite et l'autre à la gauche de la bassine.

2° *Amenez la voiture.*

Le deuxième et le troisième servants qui se sont rendus près de la voiture, l'amèneront et la rouleront sous la pompe.

Tous deux se tiendront à la traverse, en dehors, et feront reculer la voiture le plus près qu'il se pourra de la pompe. Alors, par un à droite et un à gauche, ils se replaceront eux-mêmes. Le quatrième et le cinquième servants reprendront leur place à chaque roue, en faisant face à la pompe ; le quatrième tenant un rais de la main droite, et le cinquième un aussi de la main gauche, aideront au recul de la voiture, jusqu'à ce que le bout d'arrière des limons soit sous le patin, tout près de la terre. Le deuxième et le troisième servants élèveront ensemble les limons.

Observation. Dans les communes qui ont des pompes comme celles que je mentionne plus bas, le chef de pompe et le premier servant se mettront aux roues ; le quatrième et le cinquième aideront aux servants de derrière pour lever la pompe, les deux de devant et les deux de derrière ne suffisant pas.

3° *Abattez les limons.*

A ce commandement, les deux servants de devant tireront les chaînes, ce qui leur donnera beaucoup de force, et en même temps les servants de l'arrière lèveront ensemble ; le sixième servant prendra la poignée d'arrière de la main droite, et le septième de la gauche, pour poser la pompe sur le tablier.

269. Si la pompe est pesante, comme il en existe encore de vieilles à caisses, le chef et le premier servant aideront en levant le derrière de la voiture. Il est d'une indispensable nécessité qu'il y ait deux hommes aux roues pour maintenir la voiture et l'empêcher d'avancer.

4° *Limons à terre.*

Les servants, à ce commandement, se baisseront et poseront doucement les limons à terre, en faisant quelques évolutions ou mouvements de droite à gauche, et de gauche à droite, pour faire glisser la pompe sur les tringles du fond de la voiture.

Lorsque les crochets à charnières sont dépassés, le sixième et le septième servants les abattront et saisiront les boulons l'un de la main droite, l'autre de la main gauche, et les placeront dans les trous disposés pour les recevoir.

5° *Armez.*

A ce commandement, tous les accessoires et engins de la pompe seront replacés ainsi que les agrès de la voiture.

Quand cet armement sera terminé, l'instructeur commandera le repos en place, ou à volonté.

QUATRIÈME LEÇON.

MARCHES.

270. La pompe étant remise sur la voiture, comme on vient de l'expliquer, et armée de tous ses accessoires et engins, les sapeurs étant au repos à volonté, on leur fera reprendre leurs postes autour de la pompe, les porte-hache et les tambours en tête, comme nous l'avons déjà dit plus haut. (Pl. 6).

Le chef de pompe placé à 1 mètre de distance de la roue gauche, et le 1ᵉʳ servant à la même distance, à côté de la roue droite ; le deuxième dans les limons, près de la traverse ; le 3ᵉ, derrière le second, auprès des chaînes ; le quatrième, à côté du limon droit ; le cinquième, à côté du limon gauche, près de la traverse ; le sixième, servant derrière, vis-à-vis de la gogue, et le septième, en face. (Pl. 6).

271. Quand l'instructeur voudra faire exécuter la marche, il commandera :

1° *Garde à vous,*

2° *Sapeurs,*

3° *Au levage* (pl. 5, fig. 2),

4° *Marche.*

Observation. Toutes les fois que la subdivision est tournée en avant, il n'est pas besoin de dire *en avant,* le mot de *marche* suffit.

Le premier commandement fixera l'attention des hommes.

Au second, ils prendront la position du soldat sans armes.

Au troisième, le chef de pompe et le premier servant demeureront immobiles ; les servants de devant se baisseront et saisiront les leviers de manœuvre, les mains en dessus et les doigts en dessous, et se redresseront d'un mouvement égal et d'ensemble.

272. Au commandement de *marche*, toute la subdivision partira au pas ordinaire. Les sapeurs d'avant tireront, ceux d'arrière pousseront comme à la deuxième leçon.

273. Si la voiture ou la pompe était trop pesante, ou que les chemins fussent mauvais, le chef et le premier servant se placeraient à l'arrière pour pousser.

274. Si la route était rendue très-difficile, soit par une côte trop raide, ou autrement, on prendrait des cordes avec des leviers ; la deuxième section passerait devant et tirerait sur les cordes pour franchir ce mauvais pas ou cet obstacle.

275. Dans toute autre occasion que celle que je viens de mentionner, il n'y aura que huit hommes, et quelquefois six ou quatre, affectés aux manœuvres de la

pompe, ainsi que nous l'avons dit plus haut.

276. Quand la subdivision aura ainsi marché quelques instants au pas ordinaire, l'instructeur commandera :

Pas accéléré.

Après quelques instants de cette marche, il commandera :

Au pas de course.

277. Pour faire reprendre le pas ordinaire, il aura soin d'aller graduellement, c'est-à-dire de commander d'abord le pas accéléré, puis enfin le pas ordinaire.

Observation. L'instructeur doit toujours faire entendre à ses hommes qu'ils doivent agir comme s'il était réellement question d'aller combattre un incendie.

278. Lorsque l'instructeur aura fait marcher sa division au pas ordinaire, au pas accéléré, et fait exécuter des à droite et des à gauche, ce qui, dans la pratique, arrive souvent, et qu'il voudra faire suspendre la marche, il commandera :

Division, halte.

Tous ces commandements seront précédés d'un coup de sifflet, pour rendre les hommes attentifs.

279. Pour faire reposer les hommes, il répétera le signal et les commandements indiqués plus haut, n° 227 à 229.

280. Avant de faire remettre en marche, il examinera soigneusement la place où il veut faire son établissement.

ÉTABLISSEMENT DE LA POMPE.

281. Pour faire son établissement de pompe, l'instructeur expliquera aux hommes ce que c'est que cet établissement, en leur indiquant les manœuvres à exécuter, telles que de déployer les boyaux, de fixer les raccordements, de disposer les demi-garnitures suivant les positions qu'elles doivent avoir, selon la nature du feu que l'on est censé devoir attaquer.

282. Après ces observations, l'instructeur commandera :

Division, garde à vous;

Marche.

Au premier commandement, chacun se remettra à son poste ; au second, tout le monde partira. Le chef de pompe et le premier sapeur de la deuxième section partiront au pas de course pour s'assurer où est le feu et de quelle nature il est.

283. La subdivision ayant ainsi marché quelques pas, l'instructeur la fera mettre au pas accéléré, puis au pas de course.

284. Le sergent reviendra au-devant de la subdivision et rendra compte à l'officier des observations qu'il aura faites sur la nature et le foyer de l'incendie supposé. L'officier jugera de la nécessité de faire décharger la pompe et de faire son établissement comme dans un véritable cas de sinistre.

285. Les hommes de la subdivision n'étant pas bien exercés encore, l'instructeur fera exécuter cette manœuvre en cinq temps.

286. Il arrêtera d'abord toute la subdivision par un coup de sifflet, puis il commandera :

1° *Division, halte.*
2° *Limons, terre.*
3° *Première section,*
4° *Désarmez.*

Le sixième et le septième servants déboucleront les courroies qui fixent le sac de sauvetage et les paniers. Chacun d'eux se chargera de la courroie qui sera à sa droite ; ils mettront ces paniers à la disposition de la deuxième section. Le quatrième et le cinquième servants retireront les leviers ; le deuxième et le troisième servants s'occuperont des boyaux ; le chef de pompe et le premier servant enlèveront tous les objets de sauvetage.

287. Pendant ce temps, le chef de la deuxième section fera des recherches pour

trouver de l'eau qui pourra facilement alimenter la pompe.

288. Si rien n'oblige les sapeurs portehache, les tambours ou clairons à maintenir la foule écartée ou à s'occuper de tout autre emploi, ils se mettront à la chaîne pour diriger et encourager ce travail, afin de faire arriver l'eau à la pompe le plus promptement possible. (Pl. 12, fig. 3.)

289. Quand le désarmement sera complet, l'instructeur commandera :

5° *A vos postes.*

A ce commandement, le chef de pompe et tous les autres exécuteront ce que nous avons recommandé à la troisième leçon. (Nº 248 à 252.)

290. Si la pompe, sur son patin, étant posée à terre, ne se trouve pas immédiatement à la place qu'elle doit occuper, l'instructeur, avant d'y mettre de l'eau, devra faire opérer plusieurs marches, contre-marches et conversions.

291. On doit toujours placer la pompe de telle sorte qu'elle présente son flanc gauche au foyer de l'incendie à combattre, afin d'éviter de faire décrire des courbes aux boyaux.

292. Lorsque la pompe sera convenablement placée, l'instructeur fera procé-

der à l'établissement en cinq temps, il commandera :

1° *Démarrez.*

Les sapeurs placés comme on l'a vu plus haut, le chef de la première section avec la lance au flanc gauche ; le premier servant avec le sac à droite ; le quatrième servant à gauche ; le cinquième à droite en avant ; le sixième à gauche et le septième à droite, en arrière ; le deuxième et le troisième servants prépareront les leviers et les passeront dans les anneaux du balancier.

2° *Développez.*

Les servants prendront deux à deux les boyaux qui auront été placés sur la pompe, ou tout proche ; le deuxième servant à la boîte de raccordement, près du canal de sortie ; le troisième, à l'extrémité, près la boîte à vis ; le quatrième, au deuxième boyau, avec le cinquième, chacun à un bout ; le sixième, à la boîte de raccordement du troisième boyau, et le septième à l'autre extrémité, présentant la boîte à vis au porte-lance. (Pl. 12, fig. 3.)

293. Chaque servant aura soin d'examiner les boîtes de raccordement, de vérifier si elles sont garnies des feutres qui empêchent les fuites d'eau. Chaque servant doit être muni d'un feutre dans sa poche, ou au moins le premier servant. Si

l'on manque de feutres, on peut les remplacer par du chanvre que l'on roule autour des vis de raccordement. Tout ceci exécuté, l'instructeur commandera :

3° *Montez.*

294. Chaque servant s'appuiera sur la jambe droite, la gauche tendue. Le servant qui tiendra la boîte à vis la serrera fortement pour qu'elle ne tourne pas dans ses mains ; le servant qui tiendra la boîte à écrous, tournera ces écrous par la pression des pouces. Tous deux tireront fortement les boyaux pour faciliter le montage. Le chef de pompe, de son côté, montera la lance.

295. Dans le temps que les servants monteront les boyaux, le premier servant, avec le chef de pompe, auront examiné tout avec attention, et se seront assurés que tout est en bon état de fonctionner, les écrous bien placés et serrés, et la pompe en état de se mouvoir, etc., etc.

296. Pendant que toutes ces mesures sont prises, comme nous venons de l'indiquer, la deuxième section emplira la bassine d'eau.

297. Dans un véritable incendie, il se trouve des travailleurs qui les dispensent de cette besogne et leur permettent de s'utiliser autrement.

298. L'instructeur alors commandera :

4° Hors des boyaux ; aux balanciers.

Le chef de pompe, à ce commandement, fera un demi-tour à gauche et passera la courroie de la lance sur l'épaule droite : il placera la boîte de raccordement à sa droite, la main de manière à n'éprouver aucune gêne, et tenant la lance de la main droite, par le milieu, la main gauche se portant à l'orifice.

Le septième restera en place, à 2 mètres environ du chef ; il tiendra le boyau en le tirant, afin de ne pas donner de charge au chef qui a déjà à diriger la lance. Le troisième et le cinquième servants soutiendront les boyaux au moyen des courroies destinées à cet effet.

Le deuxième, le quatrième et le sixième servants se placeront au balancier en portant un pied sur les semelles.

299. Les sapeurs de la deuxième section se rangeront autour. Le chef de cette section se mettra à la droite de la pompe et veillera au commandement que l'officier aura à lui faire, après s'être assuré que chacun est à son poste et que l'établissement est bien pris et fixé.

L'instructeur commandera :

5° Manœuvrez.

A ce commandement, que répétera le chef de pompe, ceux qui seront aux leviers de manœuvre lèveront et baisseront alternativement le balancier. Le chef s'appuiera sur la jambe gauche, et allongera la droite. Il glissera la main gauche près de l'orifice et portera son pouce dessus, il le lèvera de temps en temps pour que l'eau arrive. Lorsque l'eau sera arrivée, il reportera la main gauche au milieu de la lance, en remplacement de la droite qu'il reportera promptement à la base, près de la boîte de raccordement; il dirigera la lance vers le point vrai ou supposé de l'incendie; le porte-lance doit toujours avoir un sifflet sur lui.

Observation. Si le feu prend sur la droite ou sur la gauche, le porte-lance dirigera sa lance sur l'un ou l'autre de ces côtés. Si le feu gagne sur lui, il fera ôter un boyau; si le feu, au contraire, s'éloigne, on ne peut que continuer à faire jouer la pompe sur le foyer. S'il y a une autre pompe, on pourra prendre une garniture à cette pompe pour l'ajouter à la première, si les boîtes de raccordement, ainsi que nous l'avons recommandé, peuvent s'ajuster l'une à l'autre.

300. On doit, pendant les exercices, toujours supposer que l'on a gagné du terrain sur le sinistre, ou que le feu lui-même en a gagné sur ceux qui le combattent. Si donc l'officier qui veille avec atten-

tion tant à la pompe qu'au chef porte-lance, juge qu'il est nécessaire d'avancer, il donnera un coup de sifflet, et le chef qui est près de la pompe avertira les travailleurs de ne plus mettre d'eau dans la bassine; s'il a été établi une chaîne de travailleurs à cet effet, on fera vider la pompe. Aussitôt que la pompe sera vide, le chef de pompe donnera un coup de sifflet, afin que chacun se tienne sur ses gardes et attentif pour entendre le commandement qui va être fait par l'officier ou par l'instructeur.

301. L'instructeur voulant faire arrêter la manœuvre, commandera :

Division, halte.

Ce commandement sera répété par le chef de pompe : aussitôt les servants qui sont au balancier arrêteront leur mouvement, à l'instant que l'une de ses branches touchera le taquet.

302. Quand plusieurs pompes sont réunies, il doit être pris une convention en présence de chaque compagnie, pour l'ordre à suivre, et que chaque officier puisse s'entendre avec les chefs de pompe et s'en faire aisément comprendre.

303. La manœuvre étant arrêtée, comme nous venons de le dire, pour faire exécuter un changement de place à la pompe, l'instructeur commandera :

Hors des leviers;
Aux chaînes.

Le chef de pompe, le troisième, le cinquième et le septième servants ne quitteront pas leurs places.

Si le terrain ne permet pas de faire opérer de changement, sans que les boyaux soient démontés, le deuxième servant irait démonter la boîte de raccordement d'avec le canal de sortie.

Observation. Dans aucun cas, le chef de lance ne doit jamais quitter la lance. Il est de la prudence que ce soit le chef qui tienne la lance plutôt que de la confier à d'autres; il en est de même des boyaux.

304. Quels que soient alors les changements d'avant ou d'arrière, de droite ou de gauche, que l'on fasse exécuter à la pompe, ceux qui portent les boyaux suivront ces mouvements. Lorsque la pompe sera de nouveau mise en place, le deuxième servant rajustera la boîte de raccordement au canal de sortie.

305. La manœuvre étant terminée, on commandera : *En place, repos,* ou *Repos à volonté.*

CINQUIÈME LEÇON.

CHARGEMENT DE LA POMPE SUR LA VOITURE.

306. Lorsque le feu est éteint, ou que la manœuvre d'exercice est terminée, il

faut, pour charger la pompe sur la voiture, démonter l'établissement et procéder au replacement de chaque objet. L'instructeur donnera d'abord un coup de sifflet pour fixer l'attention des hommes. Il commandera ensuite :

Garde à vous;
Sapeurs,
Aux boyaux.

A ce commandement, les sapeurs iront reprendre le poste qu'ils occupaient au moment du développement, et se tiendront dans la même position que pour le montage; ils se feront face et tiendront, l'un la boîte à vis, l'autre la boîte à écrous.

Dévissez.

Et ils dévisseront les boyaux.

Videz les boyaux.

Les servants videront les boyaux; ils les laveront s'il est nécessaire pour les nettoyer de la boue qui pourrait s'y être attachée; on les raclera même si leur état l'exige.

Enroulez les boyaux.

Les servants enrouleront les boyaux deux à deux et mettront toujours la boîte de raccordement en dessus, afin de n'éprouver aucun retard dans un cas de besoin.

Au nouveau commandement de :

Sapeurs, à vos postes.

Chacun reprendra sa place à l'entour de la pompe, comme nous l'avons indiqué plus haut, le quatrième servant à gauche, le cinquième en face à droite, le sixième et le septième vis-à-vis l'un de l'autre.

Le deuxième et le troisième servants apporteront chacun une planche ou un morceau de bois qu'ils placeront sous la bassine, afin de ne la point souiller de boue. Le deuxième et le troisième servants enlèveront les tamis; le cinquième et le septième servants les leviers de manœuvre.

Au commandement de :

Videz.

Les servants de derrière inclineront la pompe sur le canal de sortie ; en même temps le deuxième et le troisième servants prendront chacun un panier d'eau propre et se placeront en face de la pompe ainsi penchée.

Lavez.

A ce commandement, le deuxième et le troisième servants jetteront l'eau dans la bassine, ou dans la caisse, pour la nettoyer. On y passera l'éponge, afin d'achever cette opération, après laquelle les servants qui l'ont maintenue la remettront sur son patin.

307. Alors on remontera la lance au

canal de sortie, afin de s'assurer que tout est en bon état, les tamis seront remis en place. L'éponge sera nettoyée, épurée. Toutes ces mesures prises, la bassine et le patin étant bien propres, on procédera au rechargement.

Chargement en six temps.

308. Lorsque toutes ces opérations préliminaires seront exécutées, que les agrès auront été replacés sur la pompe, l'instructeur ou l'officier commandera :

Sapeurs, garde à vous;

Prenez vos positions.

A ce commandement, les sapeurs se replaceront comme on l'a vu plus haut. (Pl. 9.)

1° *Chargez.*

Le quatrième et le cinquième servants se baisseront sur le devant et saisiront les poignées de l'avant du patin; ceux de derrière resteront immobiles.

2° *Au levage.*

Les servants se redresseront et lèveront la pompe sur les heurtoirs du patin. Le sixième et le septième servants la saisiront pour les aider à la maintenir dans cette position. Si la pompe est trop pesante, les autres servants aideraient à ceux du devant à la lever, les uns en la prenant par les poignées, les autres par les chaînes.

3° *Amenez la voiture.*

Le deuxième et le troisième servants iront prendre la voiture et l'amèneront en la poussant en dehors de la traverse ; lorsqu'ils seront arrivés près de la pompe, ils feront demi-tour à droite et à gauche et se placeront en devant, près des limons. Le second prendra le limon gauche, le troisième prendra le droit : ils les élèveront en laissant glisser leur main le long, jusqu'à ce que l'extrémité inférieure touche la terre, dessous la pompe. (Pl. 8.)

Le quatrième et le cinquième servants reprendront leurs places près des roues, et les maintiendront pour empêcher la voiture d'avancer. Si la pompe est fort pesante, le chef et le premier servant se mettront aux roues en portant chacun la main à un des rais, et dans ce cas, le quatrième et le cinquième servants resteront derrière pour aider au sixième et au septième servants.

4° *Abattez les limons.*

Le deuxième et le troisième servants se suspendront après les chaînes, afin de pouvoir atteindre les limons, les mains en dessus. Le sixième et le septième servants lèveront le derrière de la pompe ; le sixième servant prendra la poignée de l'arrière du patin, de la main droite, en portant la main gauche sur la bassine ; le septième servant en fera autant, en sens contraire, et maintiendront les limons à hauteur de ceinture.

Le chef et le premier servant maintiendront toujours les roues en respect; car si on laissait avancer la voiture, cela produirait un très mauvais effet et occasionnerait peut-être des accidents.

5° *Limons à terre.*

Le second et le troisième servants baisseront les limons et leur feront frapper plusieurs petits coups à terre pour faire glisser la pompe le long des tringles du tablier, au fond de la voiture.

Le sixième et le septième servants pousseront la pompe par derrière pour aider à ceux de devant. Lorsque la pompe sera remise à sa place, on remettra dans les trous disposés à cet effet les boulons d'arrêt qui sont suspendus par des chaînettes aux flasques de la voiture.

6° *Armez.*

Les quatrième, cinquième, sixième et septième servants s'occuperont d'armer la pompe de toutes les pièces qui forment ses accessoires. Quand tout sera convenablement placé et que le chef et le premier servant se seront assurés que tout est bien à sa place, l'instructeur commandera le repos.

309. Quand il voudra faire reprendre

la manœuvre, il fera sonner du clairon, pour faire connaître que toutes les subdivisions doivent se mettre à leur place de bataille. La première section en avant, les sapeurs porte-hache, les tambours et clairons en tête.

310. Pour faire reconduire la pompe à son dépôt, et pour faire reprendre à chaque servant la place qu'il doit occuper, comme précédemment, l'instructeur commandera :

Division, à vos rangs.

Lorsque tous auront repris leurs postes, comme ils ont déjà été indiqués, la première section à droite, la seconde à gauche, les sapeurs porte-hache et les clairons à leur distance, il commandera :

Garde à vous;
Division, à droite et à gauche,
Alignement, fixe.

Après avoir renouvelé aux sapeurs toutes les explications, l'instructeur commandera :

Par le flanc droit, droite;
Première section, à la pompe.

Les sapeurs porte-hache et les tambours en tête.

Le chef de pompe et le premier servant s'arrêteront en face des roues. Le chef à gauche, le servant à droite à un mètre de distance des moyeux.

Le deuxième et le troisième servants iront se placer dans la limonière, l'un en passant par-dessus le limon droit, l'autre par-dessus le limon gauche; le quatrième et le cinquième suivront les deux autres; le quatrième servant, se plaçant près de la traverse de devant, au limon gauche, et le cinquième servant, en face, près du limon droit; le sixième servant derrière le chef, en face de la gogue; le septième servant vis-à-vis du sixième, de l'autre côté.

La deuxième section restera en arrière, à la distance de section. L'instructeur alors commandera :

Garde à vous;

Sapeurs,

Au levage.

La première section et la seconde agiront conformément à ce qui a été dit dans la troisième leçon.

311. Lorsque les sapeurs de la première section qui sont à la pompe auront levé à hauteur de ceinture, l'instructeur commandera :

Pas ordinaire,

Marche.

Tous alors partiront du pied gauche. Les tambours battront, les clairons sonneront. Quand on aura marché quelque temps au pas ordinaire, il commandera :

Pas accéléré, marche.

Les sections prendront ce pas.

Plus loin encore, il commandera :

Pas de course, marche.

Et les sections se mettront au pas de course.

312. Quand on s'approchera du dépôt, il fera successivement reprendre le pas accéléré, puis le pas ordinaire.

Lorsque la première section sera arrivée près du dépôt, l'instructeur fera faire demi-tour à droite à la pompe et changera la marche d'avant en arrière.

Les sapeurs ouvriront les portes du dépôt et se placeront de chaque côté pour ne pas gêner la rentrée de la pompe. Les tambours, clairons et porte-hache resteront en arrière.

313. Lorsque la pompe sera entrée et placée dans le dépôt, on placera les tréteaux pour mettre sous les limons.

314. Ensuite on enlèvera les boyaux du coffret, on les déroulera ; si c'est dans l'hiver, et qu'ils soient gelés, il faudrait les faire dégeler, afin de ne les point casser ; puis on les suspendra aux chevilles disposées à cet effet (pl. 11, fig. 6), et qui doivent être assez longues pour que les boyaux ne touchent point aux murailles. On en fera autant des tamis de laine

et des paniers à incendie qui seront suspendus pour être plus promptement sé-
chés.

Observation. Si la voiture était sale, on
la laverait avant de la rentrer. Pour cela,
on prendrait de l'eau dans le cuvier qui
sera dans le dépôt pour servir de réservoir.

315. Dans toutes ces manœuvres, c'est
la première section seule qui agit, la seconde ne fait que de regarder ; mais une
fois que la première est suffisamment ins-
truite, on exerce la deuxième, et ensuite
chacune d'elles tour à tour.

316. Il n'y a dans ce conseil aucune
raison de préférence ou d'exclusion ; mais
c'est afin d'avoir plus promptement une
section composée d'hommes capables.
Entreprendre trop de choses à la fois, c'est
s'exposer à ne faire rien de bon et à manquer le but qu'on se propose.

317. La pompe étant rentrée dans son
dépôt, tous ses agrès en bon ordre et remis à leur place, l'officier commandant
la subdivision, ou l'instructeur s'en assurera lui-même en en faisant une exacte
vérification.

318. L'officier assignera à chaque homme
leur tour, par numéro d'ordre, pour le
graissage des boyaux, le replacement des

paniers, pour aider le sergent garde-magasin chargé du soin du matériel.

319. Cet officier aura soin aussi de faire connaître à la subdivision quelles sont les personnes qui doivent être chargées de conduire la pompe aux incendies.

320. Ces avis devront même être affichés à la porte du dépôt, à la mairie et dans tous les lieux de la commune où l'affichage légal a lieu d'ordinaire.

321. Après toutes ces observations et instructions, l'officier fera battre le tambour ou sonner du clairon, et fera replacer la subdivision sur deux rangs.

322. Il donnera des ordres aux chefs de pompe et leur désignera les hommes qui devront rester au corps-de-garde, et ceux qui devront sortir avec la pompe lorsqu'elle est mise en marche pour combattre un sinistre.

323. Enfin, le corps-de-garde étant fermé, l'officier en prend la clef et fait rompre les rangs.

324. Toutes les observations, tous les ordres dont il vient d'être fait mention devront être faits et donnés en présence de M. le maire ou de son délégué.

325. On n'oubliera pas de porter à la connaissance de tous, soit par les observations données de vive voix, soit dans l'affiche, qu'aux termes du règlement la

pompe ne doit pas être extraite de son dépôt sans l'ordre ou sans la permission de **M.** le maire.

326. L'officier, le chef de pompe ou tout autre qui, sans cette autorisation ou ces ordres, se permettrait de faire sortir la pompe, serait très-répréhensible.

327. De son côté, le maire, averti d'un sinistre, ne peut refuser cette autorisation.

328. Si pourtant le maire se trouvait trop éloigné, qu'il fallût trop de temps pour le prévenir utilement et qu'il y eût urgence, il doit, dans la prévision de ce cas, et à l'avance, autoriser l'officier à agir sans son intervention, sous toutes réserves.

329. Enfin le temps du graissage des boyaux est arrivé. Lorsque les boyaux sont ressuyés, après le dernier usage qu'on en a fait, on procède à leur graissage, qui doit être fait, s'il se peut, dans les conditions indiquées au n° 200.

330. Les tamis de laine sont replacés aux côtés de la bassine, et la lanterne destinée à éclairer la marche préparée et replacée pour que tout soit prêt à partir, sans retard, au premier besoin.

331. Alors que tout est prêt, s'il se présente un feu de nuit, ou bien, nous le supposons, les pompiers réveillés et aver-

tis par les cris : *au feu ! au feu !* s'assure-
ront si le feu se déclare dans un endroit
proche : l'un d'eux se rendra chez le sergent garde-magasin ; un autre chez l'officier ; un troisième chez le maire ; un autre
enfin avertira ceux qui doivent conduire
la pompe.

332. Si le sinistre éclate dans une
commune voisine, un des sapeurs ira chez
le tambour ou le clairon, et même chez
le sonneur ; enfin on ira chez le capitaine
de la garde nationale. Dans bien des cas,
et avec un peu d'activité, le même pourrait avertir plusieurs des personnes ici désignées.

*Observation importante au sujet du
sonneur.* D'ordinaire, quand un incendie
éclate dans une commune, surtout pendant la nuit, dans les communes circonvoisines on a l'habitude de sonner le
tocsin, aussi bien que dans la commune
même qui est frappée du fléau. Ce signal
uniforme cause une confusion préjudi-
ciable à la promptitude des secours, en
jetant l'incertitude dans quelques endroits
d'où le lieu du sinistre ne peut être bien
reconnu et désigné.

En effet, on sait qu'il est facile de se
tromper sur le plus ou moins d'éloignement d'un feu pendant le jour ; mais cela
est plus facile et plus fréquent pendant la

nuit. Il serait donc bien important que les signaux, en cas d'incendie, fussent réglés par l'autorité supérieure elle-même, afin de les rendre uniformes et compréhensibles pour tous. Il en pourrait être fait de même pour les batteries de tambour ou le son du clairon.

Par exemple, tandis que les communes qui se préparent à voler au secours de leurs voisins appellent par le tocsin les habitants à cette œuvre fraternelle, ne serait-il pas convenable que la commune, en proie aux ravages du feu, sonnât à toute volée, après avoir tinté quelques coups, afin de fixer l'attention, de diriger et d'amener les secours à elle et plus promptement. La différence marquée de cette sonnerie éviterait, bien certainement à quelques subdivisions, le regret de revenir chez elles sans avoir pu se rendre utiles et s'être égarées dans une course vaine et décourageante.

Nous recommandons, avec toute la déférence qui nous convient, cette observation à la sollicitude des hommes éminents qui ont bien voulu nous honorer de quelque bienveillance, et aux autorités qui ont protégé, encouragé nos efforts.

333. Pendant qu'une partie des sapeurs vont prévenir les diverses personnes que regardent spécialement ce service,

les autres prennent toutes les mesures qui leur ont été indiquées.

334. Le capitaine de la garde nationale donnera l'ordre aux hommes placés sous son commandement de se revêtir de leurs uniformes. Ceux qui marcheront et ceux qui doivent rester seront désignés à l'avance.

335. Une autre fois, ceux qui seront restés marcheront, et ceux qui auront marché resteront à leur tour, une commune ne devant jamais être entièrement abandonnée de ceux qui, en cas de sinistre, pourraient porter des secours prompts et efficaces.

336. Toutes ces mesures d'ordre et de sécurité doivent être prévues et prises à l'avance, comme celles prescrites et indiquées aux sapeurs-pompiers. Elles doivent s'exécuter au premier coup de baguette, au premier appel de la cloche, ou au premier son du clairon qui, par la nature du signal, indiquera la distance du feu.

337. Quatre hommes à cheval seront envoyés dans différentes directions pour avertir les localités voisines et en réclamer les secours qu'exigeront les circonstances.

338. Ces chevaux pourront toujours être prêts, surtout la nuit, alors que les travaux des champs ne réclament pas leur

emploi, et le maire de chaque commune pourrait à l'avenir passer un marché conditionnel et, dans tous les cas, en faire une réquisition pour cause d'utilité publique.

339. En 1850, à l'incendie de la Chapelle-Saint-Luc, un habitant, le nommé ***, ayant refusé de fournir un cheval, a été condamné par le tribunal de Troyes, à 1 franc d'amende. C'est là un précédent dont se peuvent autoriser MM. les maires en cas de refus, qui sera toujours rare, nous en sommes bien convaincu.

340. La pompe, toutefois, est encore dans son dépôt, toutes les mesures sont prises ; le garde-magasin a allumé la lanterne qui doit éclairer la marche ; l'officier est arrivé avec sa lanterne : ceux qui doivent conduire la voiture sont là et ont amené leurs chevaux.

341. Alors les hommes qui doivent rester au dépôt et le garder aideront à atteler les chevaux.

342. Les sapeurs qui doivent aller au feu sont partis avant la pompe.

343. L'officier, le chef de pompe et un clairon monteront sur la banquette. Si le parcours a lieu dans un bon chemin, plusieurs servants monteront aussi par côté.

344. Il faut deux chevaux pour conduire la voiture ainsi chargée ; s'il n'y a qu'un

cheval, il n'y aura que l'officier, le chef de pompe et le conducteur qui monteront.

345. Lorsqu'on sera arrivé sur le lieu du sinistre, l'officier demandera à celui qui a le commandement, quel poste il doit occuper.

346. Si tous les établissements de pompe sont faits près du foyer de l'incendie, il placera sa pompe dans un endroit d'où il pourra alimenter les autres. Ou bien, si les boyaux de la pompe peuvent s'accorder à ceux des autres, on les y joindrait pour arriver plus promptement sur le feu, au plus près, sans perdre autant d'eau. On occuperait ainsi moins de monde : trois garnitures ont une longueur de 20 mètres, ce qui remplace 20 hommes.

347. La position reconnue et arrêtée, on détèlera les chevaux et on mettra les limons à terre.

348. On ne prendra que les boyaux, s'il n'est pas nécessaire de décharger la pompe; mais si l'on veut emplir la bassine pour faire jouer la pompe dans les autres, on la déchargera suivant les principes enseignés.

349. Si les sapeurs ne sont pas arrivés, la pompe sera servie par d'autres de quelque commune que ce soit, si l'officier les en requiert ; il leur commandera comme s'ils étaient ses hommes, puisque chaque

pompier, d'où qu'il soit, a le même service à faire et qu'il le connaît.

Le déchargement précipité.

350. Cet exercice est le même que le déchargement décomposé, pour éviter de multiplier les commandements.

351. Le déchargement peut s'opérer en trois temps, au lieu de six. L'instructeur ayant commandé :

Désarmez,

1° *Déchargement précipité;*

2° *En manœuvre.*

Les hommes, à ce dernier mot, exécuteront le premier temps de l'exercice en déchaînant et en opérant le levage.

3° L'instructeur dira : *deux.*

352. Les hommes alors mettront la pompe à terre et ôteront la voiture.

L'instructeur commandera la manœuvre comme on l'a dit du n° 281 au n° 301.

353. Tout étant terminé, on bat ou l'on sonne aux officiers qui se réunissent en présence du maire de l'endroit, qui doit être revêtu de l'écharpe, insigne de ses fonctions.

354. Il serait très-convenable et encourageant pour tous que les membres du conseil général ou du conseil d'arrondissement assistassent autant que possible aux incendies de leur circonscription;

qu'ils portassent un bracelet ou autre si-
gne de distinction. Ce sont eux alors qui
présideraient cette réunion momentanée.

355. Ce conseil terminé, chaque officier retournera à sa pompe, fera sonner
du clairon pour rassembler ses sapeurs
autour de leur pompe; car il peut arriver
que les incidents du sinistre et le besoin
du service appellent les hommes ailleurs
qu'à leurs postes ordinaires.

356. Chaque chef de pompe aura soin
de faire exactement la recherche de ses
paniers à feu, de tous les objets qui appartiennent à sa pompe, et de constater
qu'ils sont retrouvés et à leur place.

357. Personne ne devra rien emporter
avant que vérification soit faite, à chaque
pompe, par un délégué à cet effet.

558. La pompe étant rechargée sur sa
voiture, le maire fait fournir des chevaux
s'il est nécessaire, et les pompiers reprennent le chemin de leur commune.

359. Il est facile de comprendre que
dans cette partie de la cinquième leçon où
il est question d'un feu réel ou supposé,
il ne s'agit que de la manœuvre de la
pompe. Ce qui manque ici se retrouvera
naturellement dans le chapitre suivant.

20*

Des divers accidents qui peuvent arriver pendant les exercices ou dans les sinistres.

360. Les voitures destinées au transport sont ordinairement étroites, parce qu'elles doivent souvent, même à la campagne, passer dans des ruelles peu larges.

361. Cette dimension forcée, mais aussi et plus encore la promptitude de la course, peuvent occasionner le renversement de la voiture et de la pompe.

362. Si dans la chute, et par la violence du choc, la pompe a été renversée séparément de sa voiture, on les relèvera séparément, puis on procédera au chargement précipité.

363. Si la pompe est renversée avec sa voiture, sans en être séparée, ce qui est le cas le plus fréquent, on relève l'une et l'autre en même temps.

364. Le chef se placera vis-à-vis de la roue, du côté où la pompe est renversée, un servant à sa droite, un servant à sa gauche. Tous trois saisiront le balancier et lèveront ensemble.

365. Aussitôt que l'inclinaison le permettra, le chef portera les mains à la partie supérieure de la roue et poussera dessus, avec force, jusqu'à ce que la voi-

ture soit remise dans sa position et re-
prenne sa course.

366. Les accidents fréquents pendant
les manœuvres simulées ou réelles de la
pompe, ce sont les fuites qui se décla-
rent, soit par les coutures échappées, soit
par d'autres parties rompues des boyaux.
Dans ce cas, on introduit le boyau dans
la mâchoire en fer, de manière à ce que
la partie crevée du boyau se trouve op-
posée à la partie pleine de la mâchoire.
L'eau pressée, qui fait enfler le tuyau,
le maintient fortement dans la mâchoire.

367. Outre ce moyen, et pour suppléer
au nombre des mâchoires, si elles deviennent insuffisantes, chaque pompier doit
avoir dans son casque une cordelette roulée appelée *filagore*, avec laquelle on peut
faire une ligature.

368. Cette ligature consiste à enrouler
10 centimètres environ au-dessous et 10
centimètres au-dessus de la crevasse, le
filagore autour du boyau, de la même manière qu'une corde s'enroule, en hélice,
autour du treuil d'un puits.

369. Cette ligature est un moyen qui
peut s'appliquer à la lance, si une crevasse venait à s'y manifester; mais comme
la filagore, ainsi roulée, pourrait glisser, à
cause de la forme conique de la lance,

avant de commencer l'enroulement, on arrêtera la corde par l'une de ses extrémités à la boîte de raccordement de la lance, en la tendant fortement jusqu'à l'endroit où on commencera de l'enrouler.

370. Dans un cas extrême, on peut, à la rigueur, consolider ainsi, au moins provisoirement, un levier, si la rupture avait lieu dans sa longueur.

371. Il arrive souvent qu'on emploie dans les manœuvres des eaux bourbeuses, chargées de matières étrangères qui, après quelques instants, suffisent pour arrêter le jeu des pompes. Dans ce cas, il faut procéder au nettoiement.

372. Si l'on fait usage d'une pompe foulante, il faut employer les tamis de laine, de préférence : car il suffirait d'une feuille ou de tout autre objet pour faire obstacle à l'aspiration. Il faut de temps à autre passer la main ou une brosse sur la tête d'arrosoir.

373. Lorsque l'effet du jet d'eau de la lance est obstrué par un corps étranger quelconque, il faudra sur-le-champ suspendre la manœuvre, abaisser la lance, de manière que l'orifice en soit plus bas que la base et la démonter, dans cette position, afin que l'objet qui fait obstacle ne redescende pas le boyau, d'où, après l'opération, il serait ramené par l'eau jusque

dans la lance, qu'il faudrait alors démonter de nouveau.

374. Quand la lance sera démontée, on soufflera fortement dedans, par l'orifice; et si cela ne suffit pas, on y passera une tringle ou une baguette pour la débarrasser de ce qui l'obstrue.

375. Le cas de rupture du balancier est heureusement rare; mais s'il se cassait trop près de son point d'appui, plutôt que de renoncer à la manœuvre, bien qu'elle perde moitié de son efficacité, on détacherait la tige excentrique du piston, du côté brisé, et on n'agirait plus que d'un côté. Le jet d'eau serait moins fort, mais enfin la pompe ferait encore un service utile.

376. Dans aucun des cas ci-dessus indiqués, ou d'autres, il ne faut entreprendre de faire ces réparations que quand elles offriront cet avantage de prendre moins de temps que celui exigé pour remplacer la partie détériorée par une autre partie semblable, ou pour substituer une pompe à celle qui a éprouvé une avarie.

377. Il peut arriver, surtout à la campagne, qu'il soit nécessaire de placer une pompe dans un bateau, pour la transporter au-delà d'un cours d'eau.

378. Il suffira, pour le faire facilement, de se procurer un plat-bord assez large

pour que la pompe de bascule n'aille ni à droite, ni à gauche. Un peu d'adresse ensuite et la bonne volonté habituelle et connue de nos collègues de toutes les localités fera le reste.

SIXIÈME LEÇON.

379. Cette leçon est consacrée à la démonstration du maniement des divers engins et instruments de travail et de sauvetage.

Manœuvre de l'échelle à crochets.

380. Quand, après l'arrivée de la pompe sur le lieu de la manœuvre ou de l'incendie, l'échelle étant détachée, le chef de pompe ou l'instructeur en expliquera le mécanisme. Il la développera lui-même devant les hommes, en leur démontrant la manière de la déployer, de la replier au moyen des écrous ; puis il l'accrochera au faîtage d'une muraille, à l'appui d'une fenêtre, y montera et entrera dans l'intérieur de la chambre. (Pl. 18, fig. 15.)

381. Cette manœuvre sera ensuite répétée par les hommes de la subdivision.

382. Par le moyen de cette échelle on peut monter à toutes les hauteurs et en descendre, comme je l'ai pratiqué le 20 février à la caserne de l'Oratoire,

Manœuvre du sac de sauvetage.

383. Sans contester le moins du monde le sac de sauvetage dont on se sert actuellement, et dont on pourra toujours se servir utilement, je crois qu'on peut lui préférer le sac de sauvetage dont je donne le modèle. (Pl. 14, fig. 12).

384. Ce sac de sauvetage peut être facilement manœuvré au moyen d'une forte poulie, dont j'ai plus haut conseillé l'emploi et que je recommande aux propriétaires ou constructeurs de placer au moins à une fenêtre de chaque étage.

385. S'il n'y a pas de poulie et qu'il ne soit pas possible d'en fixer une à vis promptement et de manière à présenter toute garantie de solidité, on pourra se servir de l'instrument que j'ai antérieurement décrit n° 14, sous le nom de levier à potence.

386. Le chef ou le sapeur qui s'est introduit dans un appartement pour opérer le sauvetage d'effets quelconques, ou ce qui est plus important mille fois, d'une ou de plusieurs personnes, aura dû se munir de cet instrument qui est du prix minime d'environ 10 francs.

387. Une fois arrivé, il mettra son levier à potence à cheval sur l'appui de la fenêtre, fera jouer la vis de pression, et,

à l'intérieur il pourra, s'il le juge nécessaire, consolider tout l'appareil au moyen
d'un clou ou d'un piton fixé au parquet,
et auquel viendra s'attacher un solide
cordeau passé dans l'anneau de la queue
du levier.

388. On peut se passer de cette précaution si le temps presse. L'appareil bien
serré intérieurement et extérieurement
par le poids même du sac rempli qui pèse
sur la potence, s'arcboutant contre la paroi
de la muraille. (Fig. C.)

389. Le sac qui a été préparé toujours
à l'avance et par prévision, est suspendu à
l'extrémité extérieure du levier où est une
petite poulie, par le cordage qui passe
dans celle du haut de la fenêtre, ce qui
rendrait la manœuvre plus facile ; mais on
peut, à la rigueur, agir sans cette poulie.
C'est ce que j'ai démontré en l'exécutant
dans les mêmes manœuvres du 20 février
1851.

Observation. M. Vincent, de Rixhein,
a présenté à la société industrielle de
Mulhouse un appareil de sauvetage que sa
simplicité rend très-recommandable, et
dont je crois devoir parler, en empruntant
les termes mêmes du rapport de M. Henry
Thierry.

« La majeure partie des corps des sapeurs-pompiers ont admis de joindre à la

tenue d'incendie une corde légère, dite corde de sauvetage, munie à chaque extrémité d'un crochet ou bien d'une simple cheville en bois.

Nous renvoyons nos lecteurs au rapport très-intéressant de la société des sciences, arts, etc. de Strasbourg.

Démontage et remontage de la pompe. Nettoyage.

390. Après un exercice forcé, tel que celui qui a lieu dans un sinistre, il est sinon indispensable au moins très-nécessaire de démonter la pompe pièce par pièce, et de la nettoyer.

391. L'instructeur fera plier les demi-garnitures en réunissant leurs extrémités au moyen de leur raccordement. On les lavera ensuite au moyen d'une brosse dure et on les suspendra pour les faire égoutter et sécher.

Nota. Cette opération doit être faite dans une place convenable, non loin du dépôt de pompe, s'il est possible.

392. L'instructeur commandera en-suite :

1° *Otez les écrous des poupées.*

Deux servants se placeront, l'un à droite, l'autre à gauche. Le chef, armé de la clef, donnera quelques tours, les servants achève-ront de dévisser les écrous qu'ils placeront de manière à les avoir facilement sous la main, ainsi que les boulons, coussinets, etc. Ils se placeront ensuite l'un à l'avant, l'autre à l'arrière de la pompe, en se faisant face.

Au commandement :

2° *Enlevez le balancier.*

Les deux servants poseront chacun le pied droit sur le patin et enlèveront le balancier en le prenant par-dessous le T (té), en pesant sur le patin pour que la pompe ne suive pas le balancier.

Ils dresseront le balancier contre la voiture ou ailleurs, en ayant soin que les pistons ne touchent point la terre.

3° *Otez les écrous de l'entablement.*

Ce commandement s'exécutera comme pour ceux des poupées.

4° *Enlevez l'entablement.*

Les deux servants se placeront comme pour l'enlèvement du balancier, et ils dresseront cet entablement de la même manière.

5° *Enlevez le corps de pompe.*

Les servants se placeront comme pour l'entablement, prenant chacun un cylindre. Ils lèveront ensemble, en inclinant les corps de pompe du côté de la sortie, pour en épancher jusqu'à la dernière goutte d'eau, et ils les poseront, sans secousse, à terre.

393. Après ces diverses opérations, on procédera au lavage de la bassine, ainsi qu'il est indiqué au n° 306, page 337.

394. Le démontage étant ainsi exécuté, toutes les pièces seront nettoyées, lavées et essuyées. Celles qui éprouvent des frottements, les articulations en seront huilées soigneusement et ensuite essuyées légèrement.

395. Les pistons qui demandent des soins particuliers seront grattés avec précaution, avant d'être huilés.

396. On s'assurera, par un examen attentif, si les corps de pompe sont en bon état, si les soudures n'ont pas été disjointes, si les soupapes et les clapets jouent bien sur leurs charnières.

397. On s'assurera si les soudures sont solides et en bon état, on mettra de l'eau dans la bassine pour voir s'il y a déperdition.

398. Après s'être bien assuré de l'état de chaque chose, on vide l'eau et on essuie avec soin les corps de pompe et le récipient, puis on procède au remontage dans l'ordre inverse du démontage.

399. Quand tout sera ainsi en ordre, on chargera la pompe sur sa voiture, on la rentrera dans son dépôt et on la couvrira de sa couverture.

Nota, Sur les planches , le chef de

pompe est indiqué par CH, le premier servant par un (1), et les autres par des chiffres correspondants.

—

CHAPITRE XIII.

Attaques des feux.

SEPTIÈME LEÇON.

400. Nous croyons n'avoir omis aucun des détails qu'il importe aux Pompiers de bien connaître pour rendre de bons et utiles services à la société. Maintenant que nos hommes sont dressés aux exercices gymnastiques, exercés à la manœuvre de la pompe et de ses divers engins et accessoires, nous allons entrer en matière pour l'attaque des feux.

401. On comprend facilement qu'aucun auteur n'a pu avoir la prétention de donner sur ce sujet des principes certains et invariables. La nature des choses incendiées, la disposition des lieux, l'éloignement ou la proximité de l'eau et une foule d'autres circonstances empêchent de donner ici des préceptes absolus. Nous nous

contenterons donc d'indiquer d'une manière générale et pourtant suffisante, le
moyen d'attaquer les feux lorsqu'ils sont
dans les conditions les plus ordinaires des
sinistres les plus communs.

Des feux de blé et des feux de forêt.

402. Ces sortes d'incendies sont ordinairement fort rares. Leurs causes les plus
ordinaires ne peuvent provenir que de l'imprudence ou de la malveillance.

403. Il peut arriver que par un temps
fort sec, alors que les moissons mûries n'attendent plus que la faux du moissonneur,
qu'un promeneur ou un voyageur imprudent mette le feu à une pièce de blé en
jetant loin de lui le reste d'un cigare en
feu, ou d'une allumette non éteinte.

404. Les bois ne sont détruits par le
feu, le plus souvent, que par la négligence
des bûcherons qui apprêtant leur repas
sur le lieu même de leur travail, n'ont
peut-être pas toujours la précaution de
bien éteindre le feu qu'ils ont allumé pour
faire cuire leurs aliments.

En effet les bûcherons, leurs femmes et
leurs enfants font très-souvent du feu, en
s'abritant derrière des amas de bois, bour-
rées ou autres, et comme il faut absolument que ces travailleurs aient du feu, il
faut aussi qu'ils prennent des précautions,

mais dans leurs loges. Quant aux enfants, le feu dans les champs ou dans les bois leur doit être interdit.

405. Quoi qu'il en soit des causes de ces sinistres, nous allons parler des moyens employés pour les combattre et les arrêter.

406. Le meilleur expédient pour combattre un incendie de blé, c'est d'ouvrir à la faux une large tranchée dans le champ, au-dessous du vent, et de retourner promptement la terre à la pioche ou autrement : la meilleure manière est de faire suivre les faucheurs par la charrue et de retourner promptement la terre en traçant des sillons.

407. La pompe me paraît inutile dans ce cas; mais après que la part du feu a été faite et qu'il ne reste plus que des cendres brûlantes que le vent pourrait soulever et porter sur d'autres parties encore couvertes de récoltes en maturité, il est utile d'éteindre ces cendres sous une abondante aspersion d'eau, ou en mêlant les cendres avec la terre au moyen de râteaux dont chacun aura dû se munir.

408. Lorsque le feu se manifeste dans la clairière d'un bois, il peut être facile de ne faire au fléau qu'une part restreinte en abattant promptement les quelques arbres enflammés.

409. Pratiquer une tranchée circulaire me paraît difficile, puisqu'il ne faut pas seulement abattre, mais encore enlever les arbres qui, couchés aussi bien que debout, peuvent être la proie des flammes. La plupart du temps il faut laisser au feu dévorer ce qu'on ne peut lui arracher.

410. Dans les incendies qui se développent dans de vastes forêts, le meilleur moyen connu est, malgré la difficulté de faire une solution de continuité par l'enlèvement des bois, des bruyères, etc., de pratiquer une large tranchée, ou de retourner profondément la terre qu'on rejette du côté du feu.

411. Un moyen usité et qui a souvent un heureux succès, disent les auteurs, c'est de battre le feu avec de longs balais emmanchés de longues perches.

412. Quant aux contre-feux, qui consistent à allumer parallèlement au feu qu'il s'agit de combattre les bois et les bruyères à une distance calculée sur l'intensité de l'incendie, c'est un moyen difficile.

L'attraction fait que les deux feux se réunissent en un seul quand la colonne d'air intermédiaire est absorbée; mais pour procéder par des contre-feux, il faut beaucoup de prudence alliée à des connaissances physiques pour prévenir de plus grands désastres.

Quand le feu commence à se manifester, s'il n'est que dans des herbes sèches, des ramillons, des copeaux ou dans des amas emmétrés, il ne s'agit que de détourner les matières combustibles et d'étouffer le feu à son origine sous de la terre jetée en toute hâte, puisqu'il n'y a pas de pompe.

413. Les feux de meules ou de fourrages amoncelés, s'éteignent avec la pompe : l'emploi des draps ou des couvertures mouillées est d'un bon usage, surtout pour préserver les meules voisines.

Après les feux de blés et de forêts qui n'exigent pas le secours de la pompe vient se placer une sorte de sinistre, qui n'ayant pas non plus besoin de la pompe pour être combattu, n'en forme pas moins en quelque sorte une classe à part ; je veux parler des feux de cheminées.

Feux de cheminées.

414. Ces feux sont les plus fréquents et on en comprend facilement la raison : foyers presque continuels même en été, dans quelques maisons où l'on s'en sert aux usages ordinaires de la cuisine, surtout dans les familles logées à l'étroit, elles deviennent ainsi une cause presque permanente de sinistres.

415. Divers moyens sont mis en usage pour l'extinction des feux de cheminées.

Nous ne saurions trop recommander de ne point négliger d'appeler le secours des Pompiers, même quand on met soi-même un de ces moyens en usage.

416. Il faut une certaine habileté, du discernement et surtout une assurance qui manque presque toujours quand on est surpris par un pareil accident.

417. On tire quelquefois des coups de fusil dans les cheminées pour éteindre le feu. Nous avons ailleurs signalé un des inconvénients de l'emploi de ce moyen dans les cheminées basses. Il arrive aussi que l'ébranlement de la colonne d'air occasionne des crevasses dans les plus faibles parties des parois, et donne ainsi communication du tuyau de la cheminée au grenier avoisinant. Les coups de feu sont donc plus nuisibles qu'utiles.

418. Des personnes ont essayé de placer dans l'âtre de la cheminée du charbon allumé et d'y jeter de la fleur de soufre qui, en absorbant une grande partie de l'air, en prive ainsi les autres matières dont la combustion est alors arrêtée. Ce moyen demande des précautions pour que l'emploi en soit utile.

419. Il reste donc le secours des Sapeurs-Pompiers, et c'est à coup sûr le meilleur et le plus certain.

420. Aussitôt que le Sapeur garde-

pompe, ou le chef de poste, prévenu d'un feu de cheminée se sera rendu dans l'appartement, il s'empressera de se procurer des seaux remplis d'eau et placera devant l'ouverture de la cheminée une couverture ou un drap mouillé, afin, en la bouchant, d'empêcher que l'air de l'appartement, dont il faudra fermer les portes et les fenêtres, n'entretienne et n'active la comburation de la suie. Le drap ou la couverture devra être entretenu dans un état constant d'humidité afin que l'air ne passe pas à travers le tissu et pour qu'il ne prenne pas feu.

421. L'âtre devra être garni de seaux et des autres vases pleins d'eau pour éteindre la suie à mesure qu'elle tombera.

422. Si le feu ne cède pas à ces efforts, un sapeur prendra à pleines mains le drap ou la couverture par le centre, l'attirera fortement à lui, pendant que d'autres en appliqueront les bords en les tenant fermes sur l'ouverture, puis il la lâchera subitement. Ce mouvement qui sera répété à plusieurs reprises, opère un vide momentané dans lequel la colonne d'air de la cheminée se précipite et fait tomber, en même temps, la suie de la cheminée qui se trouve ainsi ramonée.

423. Pendant ce temps, d'autres sapeurs s'empresseront de visiter toute la longueur du tuyau de la cheminée, bou-

cheront avec des étoupes ou des linges mouillés toutes les lézardes que leur révéleront la fumée, et éloigneront toutes les matières combustibles qui pourraient être contiguës à ce tuyau.

424. Enfin un sapeur montera sur le faîte de la maison et jettera par l'orifice de la cheminée quelques paniers d'eau, en ayant soin de la faire couler le long des parois, afin de faire tomber ou d'éteindre la suie embrasée.

Muni de sa hache, il abattra d'abord, en dedans de la cheminée, la mitre qui la surmonte et dont la chute opère une espèce de ramonage.

425. On pourra ensuite faire passer dans la cheminée un fagot d'épines ou tout autre chose, par exemple, un paquet de vieux grillage en fil de fer au moyen d'une chaîne, ce frottement fera infailliblement tomber toute la suie embrasée ou non.

Observations. Il sera très - nécessaire que chaque dépôt de pompe soit pourvu d'un de ces paquets de grillage, ce qui éviterait, dans bien des circonstances, la perte de temps à la recherche de choses propices à cet usage. On se sert quelquefois et avec succès d'une simple chaîne.

Les Pompiers qui procèdent à cette opération auront soin de se pourvoir du masque pour se garantir de la cendre et de la suie brûlante.

426. De tous les moyens indiqués et mis en usage, l'emploi du secours des pompiers est le meilleur, le plus certain, et celui que nous recommandons le plus instamment.

427. Bien que la pompe soit inutile pour l'extinction des feux de cheminées, nous croyons qu'il sera toujours prudent d'en amener une pour être en mesure de prévenir les suites que ces feux peuvent avoir, et ont en effet quelquefois.

Observations. On ne saurait trop prendre de moyens de prévenir les sinistres, et de faciliter le service des Pompiers : il serait donc très-important que lors des constructions on pratiquât des issues qui donnassent un accès facile près des cheminées et que, dans chaque logement, les propriétaires fussent munis d'échelles légères, pliantes et portatives, qui pussent aider à monter au faîte des cheminées.

Des feux de caves.

428. Le sapeur chargé de reconnaître un feu de cave devra se munir d'une lanterne allumée ; il fixera un cordage au haut de l'escalier et descendra à reculons, en se courbant sous la colonne de fumée, en rampant pour ainsi dire.

429. La reconnaissance une fois faite, une ou plusieurs pompes seront disposées en manœuvre pour attaquer le foyer de l'incendie.

430. Toutes les ouvertures, soupiraux ou autres, seront préalablement et bien hermétiquement fermés afin qu'aucun courant d'air ne mette obstacle à l'attaque par l'escalier, en activant le feu.

431. Si le feu est dans une cave sous plancher, il faudra le noircir.

Observation. On appelle *noircir*, en terme de l'art du Pompier, l'action de mouiller les surfaces de planchers, plafonds ou murailles menacées par l'action intense de la chaleur.

432. Si la cave est voûtée, il faudra éviter de lancer de l'eau contre cette voûte de peur d'en faire éclater les pierres par le contraste du froid sur une surface très-exposée à l'action de la chaleur.

433. Pour que le chef de pompe porte-lance soit moins incommodé de la fumée, il se couvrira le nez et la bouche avec un mouchoir mouillé noué par derrière, ou mieux avec mon masque aspiral, comme je l'ai fait dans mes expériences publiques faites à la Creuse, le 28 mars 1851.

434. Ce chef de pompe ou celui qui fera le service, sera toujours suivi d'un homme armé d'une hache pour pratiquer des ouvertures où besoin sera. (Pl. 14. *fig.* 2.)

C'est ici qu'il importe de faire remarquer la simplicité avantageuse de mon appareil sur celui de M. Paulin. Celui-ci est coûteux, son transport est plus difficile à cause de son poids ; le mien peut se porter facilement. Le premier soufflet venu peut être utilisé pour renouveler l'air au sapeur qui le porte, au lieu d'une pompe qu'exige l'autre ; de plus, la place que je donne à la lanterne laisse aux mouvements du Pompier toute leur liberté entravée par la place qu'elle occupe dans l'autre. (*Voir le frontispice.*)

Je ne dis rien de l'appareil Aldini dont le prix est excessif et qui n'est pas mis en usage par cette raison d'abord, et aussi par la gêne qu'il impose au sapeur qui en est revêtu. (Pl. 14, fig. 1re et 2.)

435. Les caves servant le plus souvent de dépôt de combustibles, le sapeur qui y descendra pour diriger la lance sur le foyer, aura soin de ne pas trop se baisser, parce que si le feu a pris à des charbons, il courrait le risque d'être asphyxié par l'acide carbonique qui s'en dégage.

436. Dans tous les cas, il sera très-prudent de relever souvent de porte-lance et de faire tenir près de lui des hommes prêts à le secourir ; un autre aura la main sur le cordage attaché au haut de

l'escalier. Il aura soin d'être attentif aux mouvements de cette corde destinée à transmettre le signal de détresse et à demander du secours.

Nous rappelons ici ce que nous avons dit, que le chef de pompe et les premiers servants doivent toujours être des ouvriers de l'art des constructions.

437. S'il est tout-à-fait impossible de descendre dans la cave, il faudra fermer toutes les ouvertures, à l'exception d'un soupirail, afin de priver totalement le feu de l'air qui l'active. Par l'ouverture libre on descendra une lance qu'on tournera de tous côtés au moyen d'une perche attachée à son orifice, jusqu'à ce que le sifflement du feu avertisse que l'eau tombe bien sur le foyer.

438. Comme la flamme pourrait sortir par cette seule issue, il faudra repousser cette flamme dans la cave et l'y comprimer au moyen d'une autre pompe mise en manœuvre et dont le jet d'eau, indépendamment de ce résultat, préservera ainsi le boyau au bout duquel se trouve la lance descendue dans la cave.

439. Le jeu des pompes continuera ainsi jusqu'à parfaite extinction.

440. Enfin, si la voûte ou le plancher cédant à l'action du feu vient à s'écrouler, toutes les pompes dont on pourra disposer

se dirigeront vers ce foyer, et l'eau y sera versée à grands flots.

441. Lorsque le feu s'est communiqué à des matières grasses, huiles, suifs, vernis, essences, etc., liqueurs alcooliques dont les caves sont les dépôts ordinaires, il faut bien se garder d'y jeter de l'eau si elle n'est assez abondante, car elle causerait une recrudescence considérable et un rejaillissement de ces matières périlleux pour les hommes et les choses environnantes.

442. Le moyen le plus efficace est de jeter sur ces matières de la terre, du fumier, de la paille hachée et mouillée ou même des couvertures entièrement imprégnées d'eau.

Mais il faut agir avec une extrême promptitude, car ces matières, en se répandant, communiquent très-aisément le feu aux parois et aux objets environnants.

443. Aussitôt la pompe arrivée, et avant de faire son établissement, l'instructeur jugera s'il est convenable de faire des conversions à droite ou à gauche. Dans ce cas, il commandera :

Sapeurs,

Tournez à droite, ou à gauche ;

Marche.

A ce commandement, pour tourner à droite, le quatrième servant portera la main droite au limon gauche, en poussant, laissant sa main gauche au levier. Le deuxième et le troisième servants poussant de la main droite, et tirant de la gauche, le cinquième porte la main gauche au limon droit, en tirant, et laissant l'autre à la traverse. Tous se fendent du pied droit, en décrivant un quart de cercle dont la dimension ne peut être précise, mais d'environ 40 centimètres sur un terrain propice. Le sixième servant porte sa main droite au bas de la tige de la gogue de gauche en tirant. Le septième en fait autant à la gogue de droite en poussant ; tous deux se fendent du pied gauche en poussant.

Le chef et le premier servant veilleront à l'exécution du mouvement et y prêteront la main, s'il y a lieu.

444. Pour exécuter cette manœuvre dans la marche en arrière, les mouvements se font en sens contraire, après qu'on aura exécuté ce qui est dit page 306, n° 233.

Feu de rez-de-chaussées.

445. Si le feu se manifeste dans un rez-de-chaussée, il faudra le bien reconnaître et former ensuite les établissements de pompe suivant les principes déjà énoncés.

446. La première mesure à prendre est de fermer toutes les issues et d'attaquer

le feu à l'intérieur, soit par une porte, soit par une croisée.

447. S'il est nécessaire que le porte-lance et son compagnon pénètrent dans un intérieur, il est indispensable qu'ils portent tous deux un appareil préservateur, le mien ou un autre. (Pl. 14, fig. 2.)

448. Si le feu est dans une pièce non isolée, il faudra noircir les cloisons ou murailles qui la séparent des autres. Une pompe ou deux doivent être employées à cet usage, tandis que les autres agissent sur le foyer lui-même.

449. On doit faire tous ses efforts pour s'opposer très-efficacement à ce que le feu ne gagne pas les escaliers ou les étages supérieurs. Une ou deux pompes doivent être disposées afin de s'opposer à ce progrès du feu.

450. Les étages supérieurs devront au contraire servir aux pompiers de moyen de compression en refoulant le feu et en s'opposant à ce progrès en noircissant incessamment le plafond supérieur.

Feux de planchers et d'appartements.

451. Les principes d'attaques de ces sortes de feux sont les mêmes que pour les feux de rez-de-chaussée. Clôture de toutes les ouvertures pour priver le feu de l'air, son principal aliment.

452. Il ne faut pas oublier de noircir sans cesse les portes, volets et murailles, de comprimer, en un mot, et d'attaquer à l'intérieur.

On pénétrera à la hauteur des appartements en proie au sinistre par les escaliers de la maison elle-même, ou par les maisons voisines.

453. Si le feu se manifeste par les croisées, on montera par des échelles ; à défaut d'échelle ordinaire, on emploiera celle indiquée à la pl. 11, fig. 3. c.

454. Les garnitures devront être dirigées horizontalement, si l'on peut combattre l'incendie des étages voisins correspondants, et employées verticalement au moyen de cordes, de perches ou d'échelles, etc., si l'on ne peut agir autrement.

455. Il importe beaucoup de faire des établissements dans les maisons voisines pour attaquer celle où l'incendie se développe, et pour préserver les premières soit en noircissant leur extérieur, soit en couvrant leurs toits de draps ou de couvertures mouillées.

HUITIÈME LEÇON.

Feux de combles.

456. Jusqu'à présent, dans ces attaques de feux simulés ou réels, nous n'avons parlé que de la manœuvre d'une seule pompe. Dans les grands incendies même, où il est question de plusieurs pompes, nous ne les avons envisagées que séparément.

457. Les nécessités du sinistre, les circonstances de localités et de voisinage amenant assez souvent plusieurs pompes sur le théâtre de l'incendie, il nous est indispensable d'indiquer les manœuvres rendues nécessaires par la réunion de plusieurs pompes, si l'on veut en tirer tout le parti possible et qu'on en doit attendre.

458. Nous avons dit, ci-dessus, que les pompes devaient se ranger dans l'ordre de leur arrivée ; elles doivent se mettre en ligne, autant que possible, sur le terrain de manœuvre.

459. Lorsqu'elles sont ainsi placées, limons à terre, les sapeurs étant rangés par huit autour de leurs pompes respectives, l'instructeur, pour changer l'ordre en ligne pour l'ordre en colonne, commandera :

Garde à vous;

Sapeurs,

Au levage.

Tous les hommes et leurs pompes exécuteront les mouvements prescrits leçon première :

A droite ou à gauche,

En colonne ;

Marche,

Le commandement de marche sera répété par les chefs de subdivision.

A cet ordre, par un à droite ou un à gauche, les pompes se trouveront en place, dans la colonne, où elles conserveront leurs distances.

La marche en avant ou en arrière s'exécute comme pour une pompe seule (n°° 231, 232 et 233).

Les tournez à droite ou à gauche, comme il est indiqué au n° 443.

Pour remettre la colonne en ligne, l'instructeur commandera :

1° *Colonne*;

2° *Halte*.

Au commandement de halte répété par les chefs de pompe, la colonne s'arrêtera.

L'instructeur commandera ensuite :

1° *A droite* (ou à gauche), *en ligne*;

2° *Marche*.

Au commandement de marche, répété par les chefs, les pompes manœuvreront comme il est dit à la deuxième leçon.

Observation. Les secondes sections se placeront sur deux rangs, à 3 mètres en arrière de la première. (Pl. 12, fig. 1re.)

460. Avant de mettre en ligne, l'instructeur fera placer un jalonneur à la place qu'il veut occuper, à dix pas environ en avant.

461. Les marches, contre-marches, dé

chargement, rechargement, établissement et autres manœuvres qui sont exécutées en ligne ou en colonne se font de la même manière qu'il est expliqué dans la troisième, la quatrième et dans la cinquième leçons.

Pour le défilé à droite ou à gauche, un jalonneur marquera la place de la conversion. La marche ordinaire, accélérée ou au pas de course, se fera comme il est prescrit dans les leçons précitées.

462. Si la colonne est formée en ligne pour la revue du maire, les pompes à terre, sur leur patin, et les hommes à la position du soldat sans armes, l'officier commandera :

Colonne,

Hors la pompe ;

A vos rangs,

Marche.

Les chefs de pompe répéteront le commandement de marche, les hommes se placeront sur deux rangs, à 2 mètres en arrière environ de la pompe et lui faisant face.

463. L'instructeur commandera alors :

1° *En arrière,*

2° *Ouvrez vos rangs ;*

3° *Marche.*

Au second commandement, le chef de pompe se porte trois pas en arrière du premier rang.

Au troisième commandement de marche, le second rang se porte en arrière et est aligné par chaque chef de pompe.

464. L'instructeur voyant les rangs alignés, commandera :

Fixe.

A ce commandement, les chefs de pompes reprennent leurs places au premier rang.

S'il s'agit d'une revue des pompes (*voyez page* 226, n° 92). (*Voir la note.*)

465. Après la revue, l'instructeur commandera :

1° *Serrez vos rangs.*

2° *Marche.*

A ce commandement le second rang serrera sur le premier à ses distances.

466. Si l'on arrive sur un terrain propice aux manœuvres des pompes, l'instructeur, afin de commencer l'attaque le plus vite possible, commandera :

1° *Sur la droite ou sur la gauche, en ligne ;*

2° *Marche.*

Il se portera de sa personne au point où il voudra établir la première pompe et fait face à la ligne qu'il aura choisie.

Le premier chef de pompe étant arrivé à hauteur de l'instructeur, commandera :

1° *Tournez à droite* (ou à gauche),

2° *Marche.*

Il continuera à marcher et ira s'arrêter près de l'instructeur. La deuxième pompe passant derrière la première tournera aussi à droite ou à gauche à la hauteur de sa place de combat et formera son établissement sur la ligne prise par l'instructeur ; il en sera de même pour toutes les autres pompes.

467. On procède à l'attaque des feux de combles comme pour les autres. Mais comme ici les bois se trouvent en plus grande quantité, il faut disposer d'un certain nombre de pompes, afin de multiplier les moyens d'extinction.

468. La panne, les chevrons et les lattes seront toujours soigneusement noircis. On aura soin de se ménager une retraite par l'escalier, et une pompe doit toujours être prête à cet usage.

469. Comme le feu peut se communiquer facilement d'un toit à un autre, il faudra avoir soin d'examiner attentivement ceux des maisons voisines, où le feu peut prendre en dessous des tuiles et se nourrir sans que des indices, certains au moins, se voient dans le premier moment.

470. Enfin il peut arriver que pour dernier moyen il n'y ait plus qu'à procéder à l'enlèvement des matières combustibles du comble. C'est alors qu'on peut

faire un utile usage des grands crochets.
(Pl. 11, fig. 1re.)

Nous croyons qu'il est nécessaire de donner ici le nom des principales pièces de la charpente d'un bâtiment, afin que ceux qui doivent être chargés de la sape, soient en état de l'exécuter promptement et utilement :

a Seuil de porte.
b Remplissage.
c Sablière.
*c*¹ — de carré.
*c*² — d'exhaussement.
d — de chambrée.
e Poteau de remplissage servant de décharge.
f Poteau de croisée.
g Linteaux de portes et de croisées.
h Entretoises.
i Appuis de croisées.
j Poteaux de coins.
k Décharge d'exhaussement.
l Croix de Saint-André.
m Potelets d'exhaussement.
n — petits d'exhaussement.
o Poteaux de portes.
p Chevrons.
q Entrée.
r Arbalétrier.
s Aiguille ou Poinçon.
t Jambe de force.

u Faîtage.
x Panne.
y Contre-fiche.

Grands incendies.

471. Dans ces sortes de sinistres, les principes exposés précédemment sont toujours applicables. Mais ces incendies offrant plus de dangers, ils exigent aussi plus de précautions pour l'établissement des pompes.

472. Dans ces graves circonstances, pour obtenir autant d'ordre que possible, le commandement sera de droit donné à l'officier le plus élevé en grade.

473. Le chef garde-pompe de la commune rurale, ou l'un des chefs gardes-pompes de la ville où se manifeste le sinistre, se tiendra près de cet officier pour lui donner tous les renseignements et indications que ses connaissances de la localité peuvent le mettre à même de lui indiquer.

474. Dans ces sortes d'incendies une chose importante, c'est de bien former les établissements de manière à éviter les dangers occasionnés par la chute des pièces de la toiture.

Observations. Ces précautions doivent être prises, même alors que les bâtiments sont le moins élevés. Le cruel événement arrivé à la Moline (près de Troyes), le 25 mai 1851 est une leçon terrible qui doit profiter à l'avenir, puisque là il n'y avait en apparence aucune raison qui pût faire prévoir un tel malheur. Non - seulement il faut que les chefs veillent à l'établissement, mais encore il faut qu'ils sachent modérer l'ardeur d'un zèle bien louable, admirable, mais qu'il faut quelquefois contenir.

Loin de nous la pensée de diminuer en rien le mérite d'une action courageuse qui a été admirée de tous, et s'il est un dédommagement aux regrets que nous avons éprouvés de la mort des braves citoyens *Nérat* et *Jacquemin*, c'est de pouvoir rendre un éclatant hommage à leur mémoire, et de remercier en notre nom et au nom de tous les sapeurs-pompiers du département, les autorités, le clergé et la population entière de la ville, pour leur empressement à honorer par des funérailles pompeuses et des regrets unanimes ces deux victimes de leur dévouement. (Pl. 13, fig. 1 et 2.)

475. L'officier commandant devra porter son hausse-col, ainsi que l'officier commandant les sapeurs de la localité. Le maire devra aussi être revêtu de son écharpe, afin que tous sachent à qui s'a-

dresser pour la facilité et le bon ordre du service.

476. MM. les maires, dans les communes rurales, MM. les commissaires de police dans les villes, doivent aussitôt organiser un service afin de diriger les seconds et d'utiliser l'empressement de la foule qui autrement deviendrait plus nuisible qu'utile.

477. Comme il est nécessaire que les ordres soient bien entendus de tous, il faut, autant que possible, imposer silence aux gens qui sont de service, et même à la multitude.

478. Pour obtenir ce dernier résultat, le meilleur moyen est de tenir éloignés les curieux et les gens inutiles, en interdisant, par des factionnaires, l'approche du foyer.

479. Lors du feu de la rue de l'Eau-Bénite, à l'incendie de la Moline du 25 mai, et encore postérieurement, au feu de Souligny, la bonne discipline des soldats du 14° de ligne et le zèle intelligent de leurs officiers ont obtenu ces bons effets.

480. Les pompes, au fur et à mesure de leur arrivée, seront mises en manœuvre.

481. Leur établissement aura lieu selon les principes déja énoncés n°˙ 461 et suivants.

482. Quant au rang qu'elles devront

occuper, elles garderont celui où leur arrivée les aura placées. La première au plus près du foyer, les autres se placeront successivement selon les ordres de l'officier. Si les chaînes, pour l'arrivage de l'eau, sont insuffisantes, les pompes se placeront de manière à s'alimenter l'une par l'autre. (Pl. 16, fig. 7 et 7 *bis*.)

483. Si le sac de sauvetage ne peut être mis en usage, il sera bon d'être toujours pourvu d'un hamac, de draps ou de couvertures auxquels des cordes, promptement et solidement attachées, et qui, fortement tendues au-dessus de matelas, lits de plumes ou paillasses posées à terre, peuvent sauver la vie aux personnes qui seraient contraintes de se précipiter par les fenêtres, ou celles qui sont en danger de tomber. Si ces moyens eussent été mis en usage à Bordeaux (page 54, 1re partie), on n'aurait pas eu à regretter la perte de tant de personnes.

484. Lorsque les établissements seront formés, ce qui se fera toujours de la manière la plus favorable à la sécurité des travailleurs, personne ne devra quitter son poste sans un ordre formel, alors même qu'il reconnaîtrait n'être pas à la place qu'il doit occuper, afin de ne pas jeter de confusion dans le service.

485. Tout étant bien en mesure, on

procédera à la manœuvre selon les enseignements qui ont été donnés dans les exercices. (*Voir n° 461, etc.*)

486. Il arrive fréquemment, dans les grands incendies, comme celui de Bordeaux, mentionné *chap.* V, *page* 53 ; celui de l'hôpital d'Upsal, en 1850, où périt plusieurs aliénés ; celui de Madrid, en Espagne, en 1851, qui causa la perte de vingt-huit individus, il arrive trop souvent que des personnes sont en danger de périr, les sapeurs-pompiers feront tout ce qu'il est possible afin de parvenir par les escaliers et pénétrer jusqu'à elles à travers les flammes, en se couvrant d'un drap mouillé, sinon par les croisées, au moyen de l'échelle (*pl.* 11, *fig.* 9), et dont je me suis servi le 20 février 1851, à la caserne de l'Oratoire. (Pl. 18.)

487. Si les croisées sont fermées et que l'échelle à crochets soit d'un usage impossible, on se servira, soit de l'échelle à l'italienne (pl. 11, fig. 24, A), ou de l'échelle, Pl. 11, fig. 24, C.

488. On se sert de ces échelles toutes les fois qu'on n'a pas d'échelles ordinaires (pl. 11, fig. 3, A), ainsi que nous l'avons recommandé.

489. Et quand les sapeurs sont parvenus auprès des personnes en danger, c'est alors qu'ils font usage du sac de sauve-

tage. (Pl. 14, fig. 12. *Voyez page* 359.)

490. Il est bien certain que la préservation des personnes doit passer avant celle des propriétés, et que c'est vers ce but d'humanité que doivent se tourner tous les efforts des pompiers. C'est pour cela aussi qu'ils doivent s'appliquer sans relâche à bien connaître l'usage et la manœuvre de tous les instruments et engins accessoires de la pompe. Cette connaissance et les manœuvres devant ajouter à leur courage la confiance que donne nécessairement l'habitude des exercices et l'adresse qui en est le fruit.

491. Mais il arrive fréquemment que dans les maisons qui sont contiguës, malgré le courage, l'activité, le dévouement des sapeurs-pompiers et des citoyens qui leur prêtent leurs concours, que le feu gagnant de proche en proche, menace de tout consumer. Dans ce cas, il n'y a de salut qu'en faisant au feu, sa part, qui sera toujours la plus restreinte possible.

492. Pour prendre un exemple qui nous soit plus particulier, parce qu'il est local, nous dirons qu'à Bouilly, il a fallu avoir recours à ce terrible moyen de détruire des maisons pour en préserver d'autres, et peut-être la commune entière d'un désastre semblable à celui qui vient de brûler entièrement, sans laisser quoi que

ce soit, le village de Lavanganes, près de Pont-Audemer, département de l'Eure, où tout a été perdu, maisons et récoltes, sans que rien ait pu être sauvé.

493. Toutefois, puisque nous citons Bouilly comme exemple, nous ajouterons que dans cette même commune, qui malheureusement est éloignée de tout cours d'eau, et où les puits sont extrêmement profonds, l'administration locale a pourvu à remédier à cet inconvénient, en chargeant des personnes désignées, d'amener au premier signal et sur des voitures, des tonneaux remplis d'eau. (Pl. 16, fig. 5.)

494. Cette sage précaution, qui a prévenu des désastres plus grands, a été l'objet des éloges mérités, accordés par le préfet (pl. 16, fig. 2), et par M. de Villemereuil, conseiller général de ce canton (pl. 16, fig. 3), aux membres de l'administration municipale. Eloges que méritaient également les sapeurs de l'endroit et des communes voisines, accourus avec leur empressement accoutumé. (*Voir la Pl.* 16.)

495. A Souligny, lors de l'incendie du 1ᵉʳ juin dernier, une mesure de précaution semblable à celle prise à Bouilly, a permis au zèle, à l'activité des sapeurs venus de toutes parts, et desservant dix-neuf pompes, d'obtenir les résultats les plus satis-

faisants sous les yeux de **M.** le préfet et de **M.** le maire de Troyes, toujours si empressés de se rendre, dans ces occasions, sur le théâtre des sinistres, et que n'a pu arrêter l'accident arrivé à leur voiture qui s'est renversée à peu de distance de Souligny, dans la rapidité de la course. Accident qui heureusement n'a pas eu de suites fâcheuses.

496. Nous avons dit précédemment que jamais une commune ne devait rester sans sapeurs-pompiers de garde. Nous profiterons de cet exemple pour rappeler que ce jour-là tous les sapeurs-pompiers de Souligny avaient été attirés à Troyes pour le festival des sociétés chorales et le feu d'artifice. Les premiers secours ont été donnés par des personnes étrangères au service des pompes et qui, sans y faire attention, sont parties avec la pompe sans boyaux, qui ayant servi le matin à la manœuvre, étaient suspendus aux chevilles du dépôt et non dans le coffret de la voiture. La présence de quelques pompiers aurait suffi, peut-être, pour atténuer le désastre, et on n'aurait, au lieu d'une perte de 70,000 fr., qu'un dommage bien moins considérable à déplorer.

CHAPITRE XIV.

Moyens nouveaux d'éteindre les incendies.

497. Nous lisions dans un journal du 1ᵉʳ juin 1850, que M. Philipps, inventeur, avait fait, dans l'usine à gaz du Vauxhall, à Londres, et en présence d'une nombreuse société, l'essai d'un appareil à éteindre instantanément les incendies.

Une construction de bois imprégné de thérébentine et enduite de poix fut incendiée, et les spectateurs, obligés par l'intensité de la chaleur, de reculer de 12 à 14 mètres.

498. Alors M. Philipps, armé d'une machine portative, projeta sur ce foyer un volume de vapeur tel, qu'en moins d'une demi-minute, la flamme fut éteinte et la combustion arrêtée.

499. Cette nouvelle ne pouvait manquer d'attirer notre attention, et l'annonce que bientôt cette expérience serait faite en France par M. Philipps, nous fit concevoir l'espérance de pouvoir recueillir de nouveaux et exacts détails sur une découverte si importante.

Après une assez longue attente, nos vœux se sont réalisés. Le dimanche 10 août dernier, cette expérience tant attendue a eu lieu au Champ-de-Mars, en présence d'une foule immense qu'amenaient en *trains de plaisir* les diverses voies ferrées qui convergent vers Paris.

500. L'appareil dont se sert l'inventeur est une sorte de grand arrosoir en fer ou en zinc. Cet appareil a trois compartiments s'emboîtant l'un dans l'autre et communiquant entre eux. On verse au fond de l'une des boîtes une petite quantité d'eau, et l'on place dans la boîte centrale une masse de matière ayant la forme d'an gâteau, contenant une quantité déterminée de chlorure de potassé, et au milieu duquel est une petite fiole de verre renfermant de l'acide sulfurique. Lorsque l'on brise la fiole, il se dégage une énorme quantité de vapeur gazeuse qui s'échappe impétueusement par une ouverture latérale. Cette vapeur a la propriété d'éteindre instantanément le feu en le privant d'air.

501. La maison construite dans le Champ-de-Mars pour faire cette expérience, était composée d'un rez-de-chaussée, d'un premier étage et d'un grenier. Le tout était rempli de matières inflammables et combustibles.

Le résultat n'a pas été complet à cette première expérience. Les hommes chargés de faire jouer les appareils s'y sont mal pris, ou ont été effrayés, ceux au moins qui étaient placés sous le vent, par les flammes poussées vers eux, et ont abandonné leurs appareils. Cependant les flammes sont tombées tout à coup, aux applaudissements de la foule et de M. le Préfet de police. Les pompiers ont dû intervenir pour éteindre le brasier que le vent rallumait, et contre lequel M. Philipps n'avait plus d'appareils disponibles.

Une seconde expérience a eu lieu le 17 août dernier ; cette fois le succès a été plus satisfaisant, quoique encore incomplet.

Il ne nous appartient pas de nous prononcer définitivement en présence de faits certains et qui, pour établir l'efficacité du moyen proposé, n'ont peut-être manqué que de certaines précautions non prévues.

Nous ne pouvons que souhaiter à M. Philipps et à son invention la sanction de l'expérience après l'examen de la science. Mais pour être juste envers tout le monde, atteindre autant qu'il est en nous au but d'utilité que nous n'avons cessé de poursuivre, il est utile de rappeler à nos lecteurs qui en ont eu connaissance, ou l'apprendre à ceux qui l'ignorent : que, en 1844, le chevalier Origo, colonel des sapeurs-pompiers de la ville de Rome, a fait en place publique, en présence d'une réunion de savants, une belle expérience d'un moyen très-prompt d'éteindre le feu.

Après avoir fait mettre le feu à deux bûchers composés des matières les plus inflammables et les plus difficiles à éteindre, il fit diriger sur l'un d'eux une pompe servie par de l'eau naturelle, et sur l'autre une pompe lançant de l'eau saturée d'une solution d'alun et d'argile. La première pompe éteignit un bûcher en trois minutes vingt-sept secondes, et consomma trente-cinq barils d'eau : la seconde pompe opéra l'extinction du second bûcher en quarante-sept secondes, et ne dépensa que cinq barils d'eau. Cette expérience ne laisse aucun doute sur l'avantage qu'il y aurait à employer le mélange de l'alun et de l'argile dans les incendies, et il est à désirer que cette expérience soit renouvelée et que l'essai en soit fait en grand.

M. Origo est aussi l'inventeur d'un appareil préservatif du pompier, que la modicité du prix et la facilité de l'usage rend préférable à celui de M. Aldini, qui est d'un prix excessif, et si gênant dans la pratique, qu'il ne peut être considéré que comme un essai ingénieux, offrant des résultats curieux, et digne d'être conservé dans les archives de la science.

502. Il résulte de l'insuffisance actuellement reconnue des appareils de M. Phi-

lipps, et aussi des expériences de M. le colonel Origo, que l'emploi des pompes et le secours des hommes spéciaux qui les manœuvrent, est et sera toujours indispensable.

503. Avant de terminer ce chapitre, et d'indiquer les secours administratifs qui sont accordés aux victimes des incendies, il nous a semblé indispensable de dire un mot des secours immédiats à prodiguer aux individus évanouis que le courage et le sang-froid des Sapeurs-Pompiers a enlevés à une mort imminente.

504. L'évanouissement peut être causé par la frayeur, ou par la difficulté apportée à la respiration par la raréfaction de l'air, ou par les vapeurs malfaisantes dont l'air respirable se trouve chargé par le dégagement des gaz délétères produits par la combustion, ou bien l'évanouissement peut être l'effet des douleurs vives que causent les brûlures, ou les blessures résultant de la chute des corps graves qu'entraîne la destruction des bâtiments.

505. Dans tous les cas, il faut le plus promptement que faire se pourra et avec toute les précautions dont on pourra s'environner, transporter les individus évanouis hors du lieu du désastre dont ils sont les victimes.

506. S'il y a suspension momentanée

de la respiration, ce qui ressemble beaucoup à l'asphyxie et en est un des plus graves symptômes, il suffira souvent que le malade soit transporté à l'air libre, pur et un peu frais, s'il se peut; d'écarter les importuns qui, en l'environnant, empêcheront l'air de lui arriver librement.

507. Si les symptômes se prolongeaient, il faudrait avoir recours aux moyens généraux indiqués dans l'instruction publiée par le Conseil de salubrité de Troyes; tels que les frictions et l'insufflation naturelle ou artificielle, c'est-à-dire avec la bouche ou avec la *seringue à air*.

508. Dans tous les cas, il sera toujours d'une extrême prudence d'appeler auprès du malade un médecin, ce qui est facile, parce qu'il n'arrive jamais à la ville qu'on ne trouve sur le lieu des sinistres plusieurs médecins, et qu'il est extrêmement rare, même au village, qu'il ne s'en trouve au moins un.

509. Si le malade est évanoui par suite de blessures, après avoir ranimé ses sens, il est de la dernière importance de le transporter, soit dans une maison loin du sinistre, ou dans un hôpital, et de le livrer aux soins de la science, au zèle des hommes de l'art.

510. Je me plais à reconnaître que partout où je me suis trouvé dans les incen-

dies, appelé par mes devoirs d'officier de pompiers, j'ai toujours rencontré, empressés et secourables, MM. les Médecins parmi les premiers arrivés au secours de leurs semblables.

CONCLUSIONS.

511. Telles sont, en général, les mesures déjà connues et trop souvent négligées, et celles que je propose d'adopter, d'abord pour prévenir les sinistres (première partie), ensuite pour les combattre avec efficacité (deuxième partie).

Sans doute, mes moyens de sauvetage et les quelques modifications que je propose d'apporter à l'organisation des pompiers, à leur service et aux manœuvres, sans doute tout cela ne répond pas aux désirs ardents que j'ai toujours éprouvés de me rendre utile à mes concitoyens. Si mes efforts ne m'ont pas fait atteindre au but, si j'ai éprouvé dans ma longue entreprise des difficultés et des dégoûts, j'en ai été bien récompensé par les sympathies d'un grand nombre de camarades, par l'accueil bienveillant de personnes haut placées, dont les encouragements sont venus souvent me raffermir dans cette carrière si épineuse pour moi.

Remercîments sincères à tous, et reconnaissance profonde surtout à M. le préfet actuel du département et à MM. les membres du conseil général qui, en m'accordant leur protection, ont été animés surtout de l'amour du bien public, qu'ils savaient être l'objet de mes travaux.

512. Il ne me reste plus, pour donner à mes collègues et à mes compagnons d'armes une preuve de mon attachement, qu'à leur exposer toute la législation qui assure à leur service, à leurs veuves ou à leurs enfants, sinon de justes récompenses, au moins des secours bien dus en cas de malheur.

CHAPITRE XV.

Des secours accordés par l'administration aux incendiés.

513. Les dommages causés par l'incendie, donnent lieu, suivant les cas :

1° A des remises ou modérations sur les contributions afférentes aux objets détruits ou endommagés par le sinistre ;

2° A des secours prélevés sur un fonds spécial mis annuellement à la disposition de M. le ministre de l'agriculture et du commerce.

Je crois devoir ajouter que les secours du gouvernement sont exclusivement réservés aux personnes nécessiteuses, et dont les dommages n'étaient garantis par aucune assurance.

———

Secours aux pompiers et autres personnes blessées dans les incendies.

514. Le gouvernement accorde des secours prélevés sur le budget du ministère de l'intérieur, aux sapeurs-pompiers et aux autres personnes dans le besoin, qui ont été victimes de leur dévouement en concourant à l'extinction d'un incendie.

Les demandes formées dans le but d'obtenir ces secours doivent être adressées au préfet, et accompagnées :

1° D'un rapport de l'autorité compétente, énonçant d'une manière détaillée et bien précise, les circonstances dans lesquelles ont été contractées, ou reçues les maladies ou les blessures sur lesquelles ces demandes sont motivées ;

2° D'un certificat de médecin faisant connaître la nature et la gravité de ces maladies ou blessures ;

3° Un certificat du maire constatant la position nécessiteuse des perssnnes en fa-

veur desquelles des secours sont récla-
més ;

4° De l'avis du sous-préfet dans les
arrondissements autres que celui du chef-
lieu.

Ces pièces doivent être également pro-
duites à l'appui des demandes qui auront
pour objet le renouvellement temporaire,
ou la continuation annuelle des secours
de cette nature.

515. Il nous est impossible de donner de
meilleurs renseignements aux intéressés,
ni d'interprétations plus logiques de la
loi, que la lettre suivante, publiée au Recueil des Actes Administratifs du département.

Troyes, le 31 juillet 1851.

*A Messieurs les Sous-Préfets et Maires
du département.*

MESSIEURS,

Une loi du 3 avril 1851, publiée au
Bulletin des lois (n° 375), porte que des
indemnités annuelles et des pensions viagères pourront être accordées aux sapeurs-pompiers municipaux ou gardes nationaux victimes de leur dévouement dans
le service, ainsi qu'à leurs veuves et à
leurs enfants.

J'ai l'honneur de vous adresser, ci-après, quelques instructions pour l'exécution de cette loi :

§ 1ᵉʳ. *De l'ouverture du droit aux secours ou pensions, et de la constatation de ce droit.*

Le droit à un secours une fois payé, à des indemnités annuelles temporaires ou à une pension viagère, résulte d'une blessure reçue, d'une infirmité ou d'une maladie contractée, soit lorsque le sapeur-pompier luttait contre l'incendie, soit lorsqu'il accomplissait des devoirs que lui impose le service spécial de son arme, tels que manœuvres ou exercices des pompes, des échelles de sauvetage et autres objets du matériel de secours contre l'incendie.

Dès qu'un sapeur-pompier est tué ou tombe frappé d'une blessure de quelque gravité, l'autorité municipale doit dresser procès-verbal des causes qui ont déterminé l'accident, et de toutes les circonstances accessoires au milieu desquelles il s'est produit.

Si l'évènement est arrivé dans une commune autre que celle à laquelle appartient le corps de sapeurs-pompiers, le procès-verbal pourra être dressé, de concert, par les maires de l'une et de l'autre des communes, qui pourront aussi faire contradictoirement constater, par des hommes de l'art, les suites de la blessure ou de la maladie.

En cas de divergence entre les deux autorités municipales, soit sur la question de savoir quelle commune est débitrice des secours et pensions, soit sur les causes et la gravité de l'accident et l'empêchement de travail qui en pourra résulter, le maire de chaque commune devra faire séparément dresser les procès-verbaux et autres documents à produire, s'il est nécessaire, devant le conseil général.

Lorsque la demande est motivée sur une maladie résultant du service, il importe à la commune de bien faire établir les circonstances qui rattachent la cause de la maladie à l'accomplissement du service.

Les blessés, les malades, les veuves, les orphelins ou leurs représentants, pourront faire constater par enquête, témoignages et déclarations, les faits susceptibles de venir à l'appui des titres qu'ils entendent faire valoir.

§ *De la concession des secours ou des pensions par les conseils municipaux.*

La situation financière des communes ne leur permet pas de proportionner toujours le dédommagement au préjudice éprouvé; c'est ce qu'a prévu l'article 5 de la loi, qui dispose que ce dédommagement sera proportionné, non-seulement aux besoins du réclamant, mais aussi aux ressources de la commune.

Les conseils municipaux, en se préoccupant avec raison des différences qui résultent de l'état des personnes, de leurs moyens d'existence, etc., devront faire complète abstraction du grade occupé par le réclamant, attendu que le grade ne constitue pas un état dans la garde nationale, et qu'il ne peut, par lui-même, donner de titres particuliers en matière de secours ou de pensions.

Dans le mois, au plus tard, de la constatation de la mort, des blessures ou de la maladie, le conseil municipal est réuni par le maire pour procéder à la liquidation des pensions. Le délai dans lequel le conseil municipal est tenu de procéder à cette liquidation a été fixé comme limite extrême, dans l'intérêt des ayants droit. Mais il convient de le réunir, le plus tôt possible, après l'accident; et si le rétablissement des blessés doit être prompt, une seule délibération suffira pour arrêter la quotité des secours que le maire sera autorisé à délivrer.

S'il doit résulter de la blessure ou de la maladie une incapacité prolongée de travail, ou une incapacité permanente, le conseil municipal, après avoir pourvu aux premiers besoins, pourra ajourner sa décision sur l'allocation d'indemnités temporaires ou de pensions viagères, jusqu'au moment où les hommes de l'art seront en mesure d'émettre un avis avec certitude. Aussitôt cet avis connu, il y a obligation pour le conseil municipal de statuer, soit en faveur du sapeur-pompier, soit à l'égard de sa veuve et de ses enfants.

Les arrérages de la pension concédée remontent au jour où s'est produit le fait qui y donne lieu.

Les indemnités peuvent être annuelles et temporaires, ou à vie. La loi ne détermine point de tarif pour ces indemnités; elle laisse au conseil municipal à en fixer le chiffre, sauf recours au conseil général.

Dans un grand nombre de cas, le mieux sera de se borner à une indemnité annuelle qui permettra de tenir compte du changement et de l'amélioration d'état ou de fortune du réclamant, de sa veuve et de ses enfants.

La loi sur les pensions militaires et diverses lois de concession de pensions aux enfants de gardes nationaux tués dans le service, limitent la durée du secours à l'âge où les enfants peuvent se suffire.

La loi militaire en prolonge la durée

jusqu'à 21 ans. Les lois spéciales, concernant des gardes nationaux, la restreignent à 18.

Ces exemples peuvent, en général, servir de règle ; cependant les conseils municipaux ne sont pas privés de la faculté d'étendre, au-delà des limites ci-dessus indiquées, leurs allocations de secours, si des circonstances exceptionnelles leur paraissent les justifier.

Il ne paraît pas que les veuves, mises en possession de secours annuels ou de pensions, doivent les conserver si elles contractent un nouveau mariage, car les considérations principales qui en ont déterminé la concession ont alors cessé d'exister. Il conviendra, au surplus, de faire insérer cette disposition résolutoire dans les délibérations portant, soit une concession directe, soit une clause de réversibilité.

Les délibérations des conseils municipaux qui accordent des indemnités annuelles temporaires, ou des pensions viagères, et celles qui rejetteraient les demandes présentées, doivent être notifiées à la partie intéressée et soumises à l'approbation du préfet, qui ne donnera, s'il y a lieu, cette approbation qu'après un délai convenable réservé aux intéressés pour attaquer ladite délibération.

Les indemnités et pensions liquidées

sont portées au budget de la commune comme dépenses obligatoires et payables à la caisse du receveur municipal.

§ 3. *Des recours à former devant le conseil général, et sur lesquels il prononce en dernier ressort, comme jury d'équité.*

Les recours peuvent être formés devant le conseil général :

1° *Par les sapeurs-pompiers blessés ou malades, les veuves ou orphelins des sapeurs-pompiers qui ont succombé, ou par leurs représentants.*

Lorsque les pensions accordées sont jugées insuffisantes par l'ayant droit ;

Lorsqu'au lieu d'une pension viagère, il n'est accordé que des indemnités temporaires ;

Lorsque les indemnités sont insuffisantes ;

Lorsqu'il y a refus de toute indemnité ou pension.

2° *Par le maire et par le préfet.*

Dans tous les cas où ces fonctionnaires estiment que la délibération du conseil municipal ne fait pas une application équitable et régulière de la loi.

Les recours formés par les parties intéressées et par les maires sont transmis au préfet, sur le rapport duquel le conseil général doit statuer. Le conseil général peut ordonner une visite contradictoire des blessés et des malades. Il est saisi des pièces qui accompagnent le rapport du préfet et la délibération du conseil municipal. Il fait toutes les vérifications propres à s'assurer de la situation financière de la commune. Il fixe la quotité des indemnités ou pensions, et la durée des secours temporaires.

Jusqu'à décision définitive du conseil général, la délibération du conseil municipal est provisoirement exécutée.

§. 4. *Des subventions par lesquelles le conseil général peut venir en aide aux communes obligées au service de secours ou pensions.*

Lorsque la dépense résultant de la liquidation d'indemnités ou de pensions sera définitivement fixée, les communes pourront, en justifiant de leurs ressources ou de la difficulté d'en trouver dans des impositions extraordinaires, solliciter du conseil général une subvention pour aider au service des indemnités et des pensions concédées.

La demande pourra néanmoins être faite en même temps que les recours formés devant le conseil général, afin que cette assemblée soit à même de statuer, à la fois, sur toutes les circonstances d'une même affaire.

Les subventions votées par le conseil général sont versées à la caisse communale, à des époques correspondantes au paiement des pensions servies.

Recevez, Messieurs, l'assurance de ma considération très-distinguée.

Le préfet de l'Aube,

F.-P. DE BANTEL.

Récompenses honorifiques.

516. Toujours empressé à rendre hommage aux belles actions et à les encourager, le gouvernement décerne des médailles d'honneur et des récompenses pécuniaires, suivant les cas, aux personnes faisant, ou non, partie des corps des sapeurs-pompiers qui se sont distinguées dans les incendies par leur courage, leur intrépidité, leur zèle et leur dévouement.

Les demandes formées par ceux qui croient avoir des droits à ces distinctions, ou les propositions faites en leur faveur, soit par les chefs des corps auxquels ils appartiennent, soit par les administrations locales, doivent être adressées à M. le préfet, avec :

1° Un procès-verbal ou mémoire très-détaillé, dressé et certifié par l'autorité municipale, de l'acte ou des actes signalés. On devra avoir soin d'indiquer d'une manière très-exacte les nom, prénoms, lieux de naissance et de domicile, et l'âge de la personne recommandée ;

2° L'avis du maire tant sur le mérite des faits énoncés que sur la nature et l'importance de la récompense à accorder ;

3° Les propositions du sous-préfet dans les arrondissements autres que celui du chef-lieu.

517. Ces récompenses, tout honorables qu'elles sont, ne donnent lieu à aucune prérogative, à aucun droit aux honneurs militaires réservés aux ordres de l'Etat, mais elles recommandent ceux qui s'en sont rendus dignes à l'estime et à la reconnaissance publiques.

TROISIÈME PARTIE.

CHAPITRE Ier.

Organisation de la garde nationale.

1. Nous nous promettions de donner à cette partie une étendue assez considérable ; mais l'abondance des matières dont se composent la première et la deuxième partie, leur intérêt puissant, ne nous permettent pas d'étendre davantage notre travail.

Nos lecteurs comprendront que le zèle le plus ardent doit savoir se contenir, et qu'il est de la sagesse de mettre des bornes à des frais qui, en augmentant le prix de ce livre, ne nous permettrait plus d'atteindre notre but, qui est de répandre des connaissances et des pratiques utiles à tous.

Nous nous bornerons donc à ne présenter ici qu'un sommaire bref et rapide de la législation sur la garde nationale, les devoirs imposés aux citoyens qui font partie de cette garde, et particulièrement aux sapeurs-pompiers, comme partie intégrante de la milice citoyenne.

2. L'origine de la garde nationale est aussi ancienne que la nation elle-même. Losque le Gallo-Franc remettait à son fils la ceinture militaire, ce fils devenait soldat, sans cesser d'être citoyen, et n'appartenait pas moins à l'armée qu'à la cité. A travers les siècles, l'institution a pu, a dû même se modifier selon l'esprit et les mœurs du temps ; mais en suivant la série des faits, ce fil conducteur dans le dédale que le temps a construit, on retrouve toujours, dans nos cités, une milice qui avait ses chefs, dizainiers, centeniers, etc., et par conséquent ne cessait d'avoir une organisation plus ou moins vigoureuse, et des attributions plus ou moins définies.

3. Notre mission n'étant pas de faire l'histoire de cette grande institution, il nous suffira de rappeler que le 15 juillet 1790, le marquis de Lafayette, revenu d'Amérique, fut revêtu du commandement en chef de la garde nationale parisienne. Qu'en 1813, Napoléon partant pour repousser l'invasion menaçante, après avoir remis les rênes du gouvernement aux mains de l'impératrice Marie-Louise, qu'il avait faite régente, réorganisa la garde

nationale, et lui confia le Roi de Rome, sa mère et la capitale.

On sait qu'en 1830, après les événements de juillet, la garde nationale reparut avec plus d'éclat que jamais, et qu'en 1848, son organisation fut de nouveau proclamée par le gouvernement provisoire, et qu'enfin une loi organique récemment rendue par l'assemblée législative, vient encore de consacrer son existence en modifiant son organisation générale et la formation de ses cadres.

4. La garde nationale est instituée pour défendre la constitution, pour maintenir l'obéissance aux lois, conserver ou rétablir l'ordre et la paix publique, seconder l'armée de ligne dans la défense des frontières et des côtes, assurer l'indépendance de la France et l'intégrité de son territoire.

5. La garde nationale est composée de tous les Français qui remplissent certaines conditions imposées par la loi. (Voir la loi de 1851.)

6. Son service est : 1° le service ordinaire à l'intérieur de la commune ; 2° le service en détachements hors du territoire de la commune ; 3° le service en corps détachés pour seconder l'armée de ligne dans des limites fixées par la loi. (Même loi.)

7. Tous les Français âgés de vingt à soixante ans, aptes à faire le service de la garde nationale, sont appelés à en faire partie dans le lieu de leur domicile. Ce service est obligatoire et personnel.

Les gardes nationaux sont inscrits sur un registre matricule ouvert dans chaque commune. A cet effet, des listes de recensement sont dressées par MM. les maires et révisées par un conseil de recensement. (Titre II, loi sur la garde nationale.)

8. La garde nationale est formée dans chaque commune par subdvisions de compagnies, par compagnies, par bataillons et par légions.

9. Chaque bataillon a son drapeau.

10. La nomination aux divers grades est réglée par la dernière loi.

11. L'uniforme est déterminé par la même loi.

12. Le réglement relatif au service ordinaire, aux revues et aux exercices, est arrêté par le maire, sur la proposition du commandant de la garde nationale, et approuvé par le préfet ou le sous-préfet. La garde nationale, pour le service militaire, est placée sous les ordres de MM. les préfets, sous-préfets et des maires.

13. La garde nationale est placée, pour son administration et sa comptabilité,

sous l'autorité administrative et municipale.

Les dépenses en sont votées, réglées et surveillées comme les autres dépenses municipales.

14. Les dépenses ordinaires de la garde nationale sont l'achat et l'entretien des drapeaux, des tambours et des trompettes; la partie de l'entretien des armes qui n'est pas à la charge des citoyens; tous les frais de bureau qu'exige le service.

15. Les infractions au service et à la discipline sont jugées par un conseil de discipline.

Les peines sont déterminées par la loi. (Titre V.)

16. Des décrets déterminent, d'après la loi, les règles applicables à l'organisation des corps spéciaux : cavalerie, artillerie et sapeurs-pompiers.

CHAPITRE II.

Modèles de procès-verbal d'arrestation et de réquisition.

17. La garde nationale étant très-souvent appelée au maintien de l'ordre public

et à la défense des personnes et des propriétés, il arrive quelquefois que ceux qui
en font partie sont obligés de procéder à
des arrestations. Voici le modèle du procès-verbal qui doit être dressé dans ce
cas :

L'an mil
le   heure de
par-devant nous
chef du poste de   est
comparu le sieur   prévenu
d'avoir commis   lequel
nous a été amené par
témoins du délit, les sieurs

Le présent procès-verbal, dressé pour
servir de renseignements à l'autorité civile ou judiciaire, a été par nous et par
les parties y dénoncées, signé après lecture.

S'il y a déclaration de ne savoir signer,
il en sera fait mention.

18. En cas de réquisition d'un maire
à un commandant de la garde nationale,
voici le modèle de cet acte de l'autorité
municipale :

Nous, maire de la commune d
requérons le commandant de la garde nationale de cette commune, de fournir, à
l'instant, le nombre de gardes nationaux
nécessaires pour opérer l'arrestation de
ou pour dissiper l'attrou-

pement réuni à   aussitôt
que les sommations légales auront été
faites par nous, ou par le commandant.

CHAPITRE III.

Service du drapeau.

19. Lorsque le drapeau devra sortir,
l'une des compagnies, à tour de rôle, sera
commandée pour l'aller chercher, et mar-
chera dans l'ordre suivant : le tambour-
major et les tambours du bataillon dont la
compagnie fait partie; le bataillon formé
par sections en colonne, l'arme sur l'é-
paule droite, le porte-drapeau entre les
sections, sans aucun bruit de caisse ni de
musique.

20. Le détachement étant arrivé devant
le demeure du commandant, se formera
en bataille, les tambours et la musique
à la droite du détachement. Alors le porte-
drapeau, suivi d'un sergent, ira prendre
le drapeau.

21. Lorque le porte-drapeau sortira, il

s'arrêtera devant la porte, le commandant du détachement fera porter les armes et battre aux champs, à trois reprises différentes.

22. Puis on rompra par sections. Le porte-drapeau ira se placer entre les deux sections, et on reprendra la marche tambours battant.

23. Le drapeau sera reconduit dans le même ordre qui vient d'être indiqué.

24. Nous n'avons pas besoin, pensons-nous, d'entrer dans le détail des obligations imposées à la garde nationale par les lois, ordonnances et réglements, non moins que par la discipline et le respect de soi-même, chaque fois qu'elle est appelée à concourir à une cérémonie religieuse, funèbre ou autre. Il n'est pas jusque dans les hameaux les plus éloignés, où le sentiment des convenances ne soit observé dans ces circonstances, et je puis, avec une vive satisfaction, citer la cérémonie funèbre du lieutenant Braley, dont les obsèques ont été célébrées à Bûchères, en janvier dernier. La garde nationale et les pompiers qui y assistaient ont été dignes, sous tous les rapports, des éloges les mieux mérités : nul doute qu'il n'en soit ainsi partout.

Observations. Dans les cérémonies funèbres, lorsqu'on a des salves de mousqueterie à faire pour rendre les honneurs militaires, il est bon de ne faire charger les armes qu'au moment de faire feu, afin de prévenir les accidents. Trois salves sont d'usage : 1° à la levée du corps ; 2° à l'entrée du cimetière ; 3° sur la fosse un feu de file.

25. Dans toutes les prises d'armes et dans les cérémonies publiques, la place des sapeurs-pompiers qui font une partie intégrande de la garde nationale, est déterminée.

26. L'ordonnance du 14 février 1839 avait ainsi réglé cette place. — « L'ordre de bataille des sapeurs-pompiers de la garde nationale est fixé à la gauche des bataillons de garde nationale dont lesdites compagnies font partie. »

27. L'exécution de cette ordonnance ayant éveillé des susceptibilités chatouilleuses, et pouvant donner lieu à des malentendus fâcheux, M. le ministre de l'intérieur a été consulté sur la question de savoir quel est le rang que doivent occuper les sapeurs-pompiers dans la réunion des différentes armes de la garde nationale.

28. M. le Ministre a décidé : 1° que l'on ne doit considérer comme soldés et, par conséquent, étrangers à la garde nationale que les corps de sapeurs-pompiers auxquels il est alloué une solde proprement dite, et

non pas simplement certaines indemnités éventuelles et non périodiques, par exemple, l'exemption du logement militaire;

2° Que les sapeurs-pompiers de la garde nationale devaient être assimilés à l'arme du génie; avoir conséquemment la droite sur l'infanterie, quoique marchant toujours sous les ordres du commandant en chef de la garde nationale.

29. Après avoir cité, à l'égard de cette partie du service, les lois et ordonnances, il nous semble utile de rappeler l'exemple du bataillon d'Isle-Aumont, organisé par M. Margerie, officier retraité, maire de Saint-Thibault.

30. Dans ce bataillon, commandé depuis 1832, par M. le comte de Mesgrigny, il y a long-temps que l'ordre de la marche est réglé, et que nulle prétention d'amour-propre ne vient troubler l'ordre : dans les exercices, revues, marches, escortes faites aux autorités, les sapeurs-pompiers sont toujours en tête et occupent la droite. (*Voir pl.* 17 *bis, défilé d'un bataillon,* etc.)

Les lois disciplinaires sont les mêmes pour les pompiers que pour le reste de la garde nationale, et ils ressortissent de la juridiction du même conseil de discipline.

CHAPITRE IV.

Service spécial de surveillance de l'armement.

31. Nous avons vu, chapitre XI, n° 212, quelle est l'importance du matériel des pompes et de leurs accessoires : dans ce matériel, nous avons compris les armes qui sont remises aux sapeurs-pompiers ; mais le nombre des gardes nationales étant très-considérable, les armes qu'ils ont entre les mains et qui leur sont remises par l'Etat, constituent aussi un matériel dont la conservation a dû spécialement attirer l'attention du gouvernement.

32. Aussi, sur les articles 69 et 81 de la loi du 22 mars 1831, il est intervenu, à la date du 24 octobre 1833, une ordonnance qui prescrit l'organisation, dans chaque commune, d'un service spécial de surveillance de l'armement de la garde nationale.

33. Ce service, attribué dans les légions à un capitaine d'armement, à un officier dans chaque bataillon, doit être confié à un officier, ou à un sous-officier

par chaque compagnie ou subdivision de compagnie.

34. Dans les communes, ces inspecteurs sont désignés par arrêté préfectoral sur la présentation du maire.

35. Autant qu'il sera possible, il y aura, par canton, un armurier chargé de l'entretien et de la réparation des armes. Cet armurier sera désigné par M. le préfet ou M. le sous-préfet.

36. Les maires, les officiers ou sous-officiers d'armement devront, lors du décès, ou de la disparition d'un garde national, revendiquer les armes qui lui auraient été confiées.

37. Une ordonnance du 31 décembre 1836, modifiant celle du 24 octobre 1833, dispose que les officiers contrôleurs d'armes seront payés au moyen d'une indemnité pour chaque jour de leur coopération à l'inspection.

38. Les réparations que la loi met à la charge des communes seront faites par les armuriers désignés.

39. Celles qui seront nécessitées par le service ordinaire seront réglées, quant au prix, entre l'autorité municipale et les armuriers.

40. Le bris d'armes volontaire ou les détériorations par négligence, ou usage illégal, sont à la charge des détenteurs.

41. Une inspection trimestrielle aura lieu aux jours fixés par M. le préfet ou M. le sous-préfet.

42. Si des dégradations sont remarquées, l'officier d'armement en fera son rapport au maire de la commune.

43. L'officier ou le sous-officier d'armement devra accompagner les officiers vérificateurs dans leurs tournées, et ceux-ci adresseront aux préfets le rapport de leurs opérations, dont le résumé annuel devra être soumis à M. le ministre de l'intérieur.

44. Les armes mal entretenues ou dégradées seront retirées des mains des gardes nationaux négligents; procès-verbal du retrait est dressé, et les frais sont à leur charge, et le remboursement en est poursuivi à la diligence du maire.

Nomenclature des armes remises aux sapeurs-pompiers et gardes nationaux.

Un fusil (pl. 19, fig. 2), ou une pique.
Un sabre (pl. 19, fig. 17 et 18).
Une baïonnette (pl. 19, fig. 1re).

45. Il est nécessaire, au bon entretien des armes, que chacun connaisse la manière de démonter, nettoyer et remonter son arme.

Pour démonter le fusil, on enlève :

La bayonnette (fig. 1).
La baguette (fig. 2).
La vis de platine (fig. 3).
La contre-platine (fig. 4).
L'embauchoir (fig. 5).
La grenadière (fig. 5 *bis*).
Vis de culasse et culasse (fig. 6).
Capucine (fig. 7).
Canon (fig. 8).
Battant de sous-garde (fig. 9).
Pontet (fig. 10).
Ecusson (fig. 11).
Plaque de couche et sa vis (fig. 12).
Détente (fig. 13).
Battant d'en bas (fig. 14).
Ressorts de l'embauchoir et de la gre-
nadière (fig. 15 et 16).
Ressort de baguette (fig. 17 *a*).

*Démontage de la platine ; on commence
par :*

Le grand ressort (fig. A).
Ressort de la gachette (fig. B).
Gachette (fig. C).
Bride de noix (fig. D).
Chien (fig. F).
Noix (fig. G et G *bis*).
Ressort de batterie (fig. H).
Batterie (fig. I).

Bassinet (fig. J).
Corps de platine (fig. K).
Chien à piston (fig. L).

Le chien se décompose en six pièces. Pour le remonter après le nettoyage, et après avoir huilé les pièces avec soin, on procède à l'inverse du démontage.

Pour conserver les armes en bon état, il faut graisser soigneusement et ensuite essuyer légèrement toutes les parties de fer, avec une graisse composée moitié de suif de mouton et moitié d'huile d'olive.

46. Les parties de cuivre se nettoyent au tripoli.

47. Il faut nécessairement avoir un nécessaire d'armes par subdivision.

Les armes, ainsi préparées, doivent être garnies d'un bouchon de bois monté sur cuivre ou zinc, mises dans un fourreau de toile, et déposées dans un endroit sec.

48. Les armes qui restent à la mairie doivent être rangées en râteliers et couvertes. Aux termes de l'ordonnance précitée, elles doivent être visitées tous les mois par le tambour ou un autre préposé.

49. Nous croyons que ces instructions sommaires suffiront pour chaque sapeur-pompier et pour chaque garde national.

Ceux qui en voudraient de plus amples, peuvent consulter le recueil des *Actes administratifs*, à la mairie de leur commune, ou le *Manuel du garde national* de M. Roret.

FIN.

TABLE DES MATIÈRES.

PREMIÈRE PARTIE.

DEUXIÈME PARTIE.

TROISIÈME PARTIE,

FIN DE LA TABLE.

GYMNASE PRÉPARATOIRE.

OFFICIERS, SOUS-OFFICIER ET SOLDAT. - GRANDE & PETITE TENUE.

Planche 3.

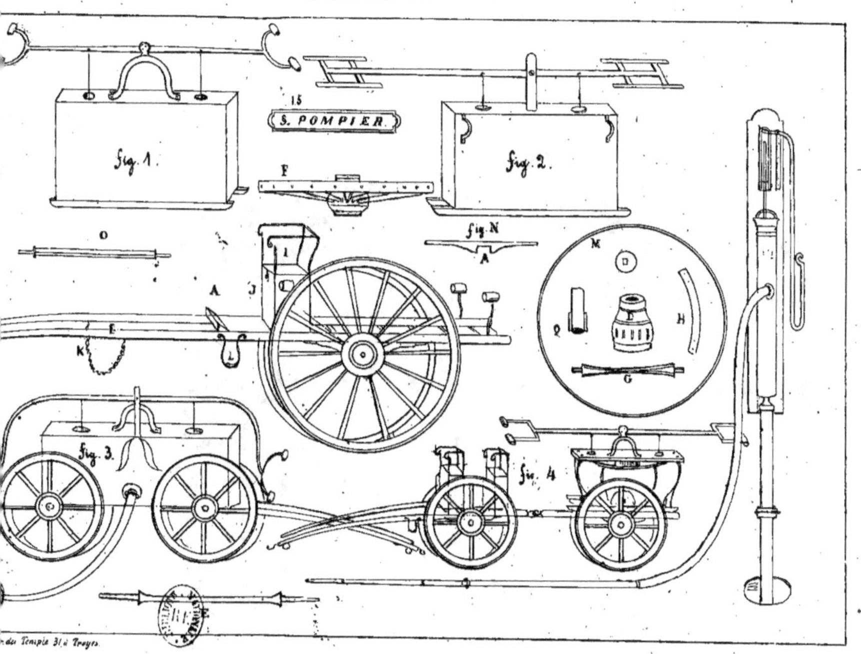

DIVERS GENRES DE POMPES ANCIENNES ET NOUVELLES.

Planche 4.

POMPES DE PARIS ET DE TROYES AVEC LEURS SERVANTS.

SUBDIVISION DE SAPEURS-POMPIERS D'UNE COMMUNE RURALE.

MARCHE EN ARRIÈRE.

DÉCHARGEMENT OU RECHARGEMENT.

POMPIERS A LEUR POMPE.

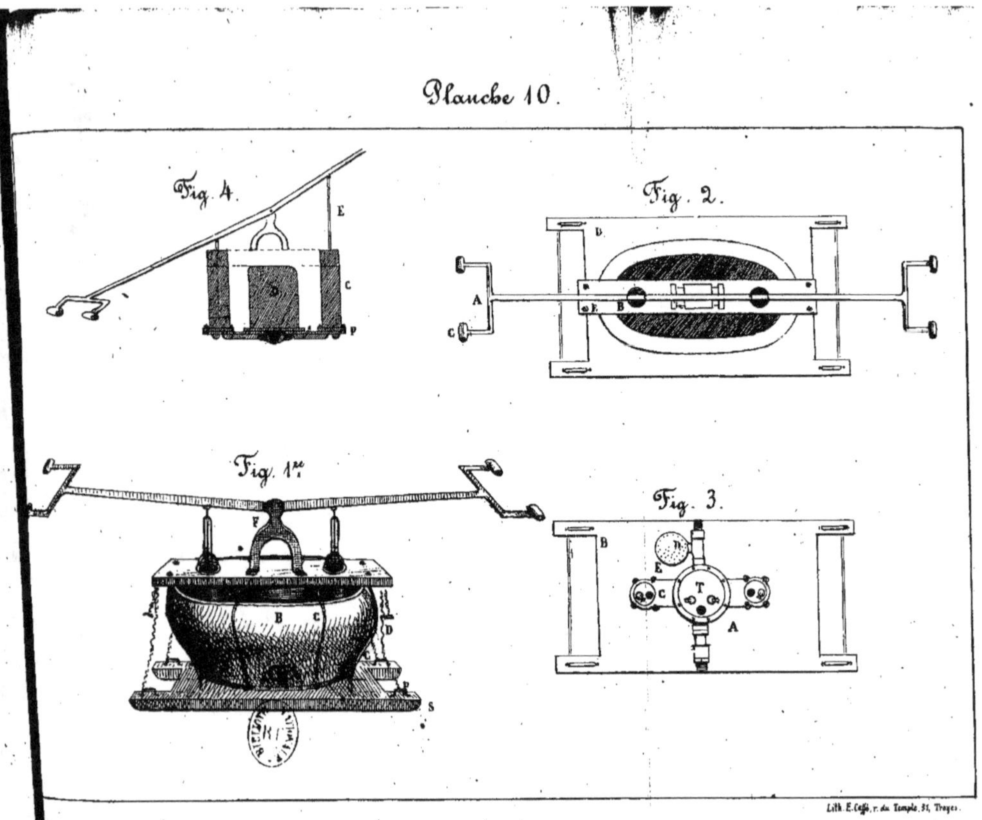

POMPE, SON PROFIL ET SES DIVERSES COUPES.

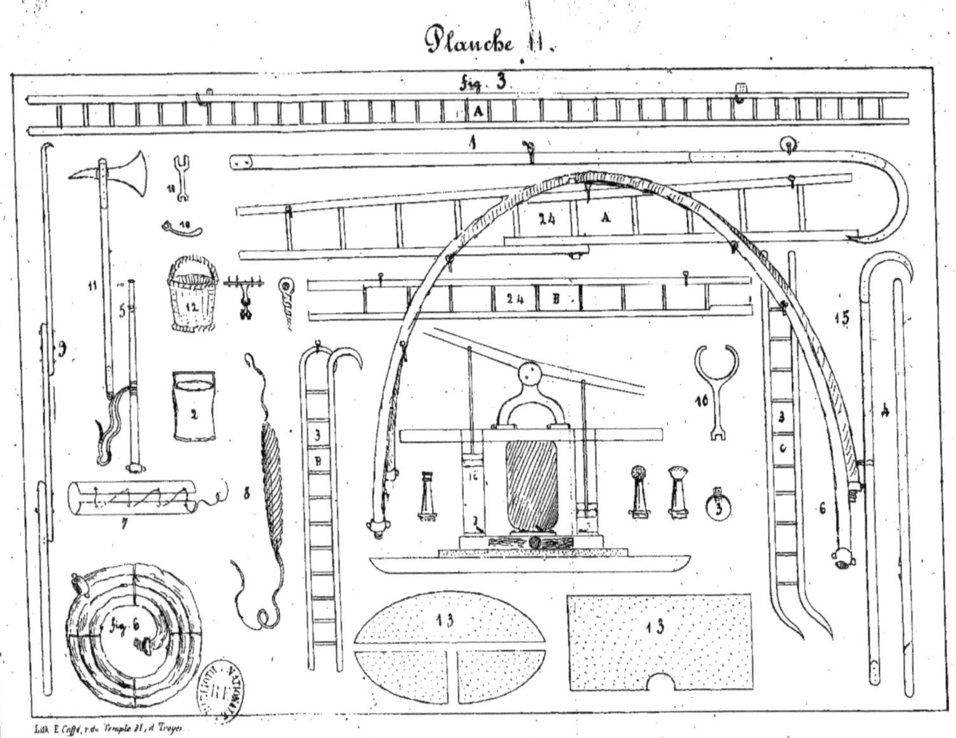

Lith. E. Caffé, r. du Temple 21, à Troyes.

DÉFILÉ D'UNE COMPAGNIE PAR SECTIONS. — PRÉPARATIFS POUR LA MISE EN ACTIVITÉ D'UNE POMPE.

INCENDIE DE LA MOLINE, LE 25 MAI 1851.

INCENDIE DE LA MOLINE, LE 25 MAI 1851.

APPAREILS DE MM. PAULIN ET LIMOGE EN ACTIVITÉ.

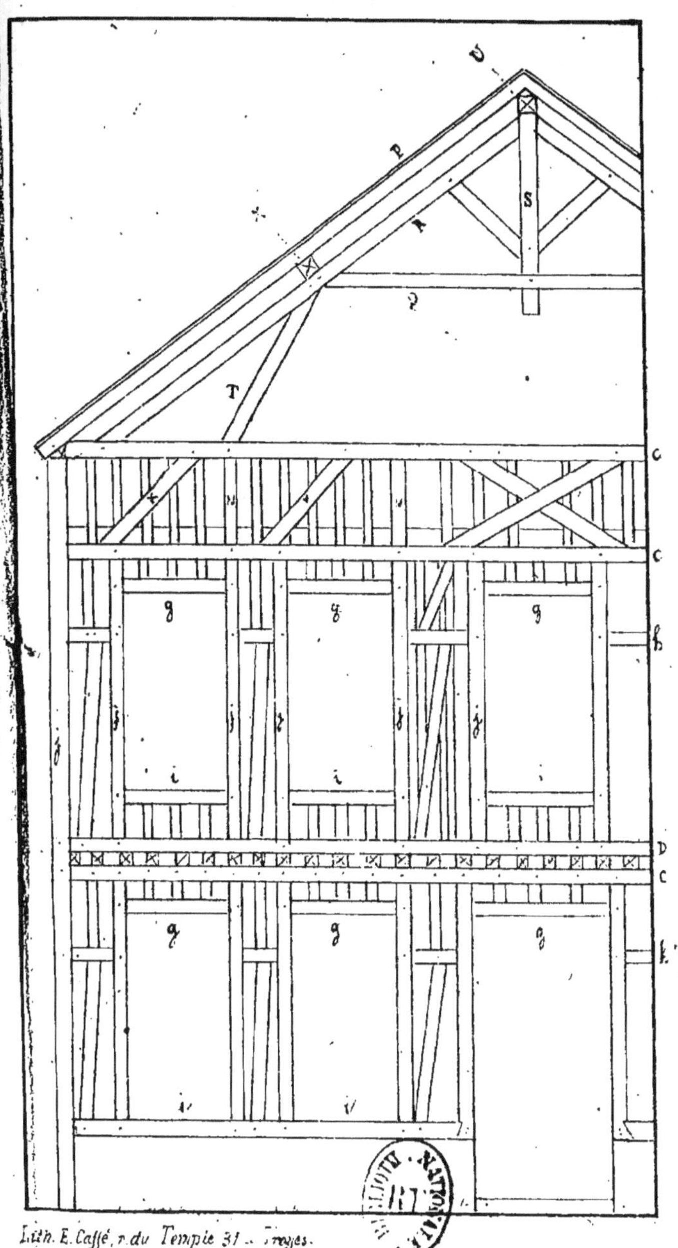

CHARPENTE D'UN BATIMENT.

INCENDIE DE BOUILLY LE 21 JUILLET 1846.

DÉFILÉ D'UN BATAILLON DE GARDE-NATIONALE RURALE. — GARDE-NATIONALE D'UNE COMM.ᴺᴱ RURALE, ACCOMPAGNANT LES AUTORITÉS LOCALES

CASERNE DE L'ORATOIRE. - MANŒUVRE DÉMONSTRATIVE DU 20 FÉVRIER 1851.

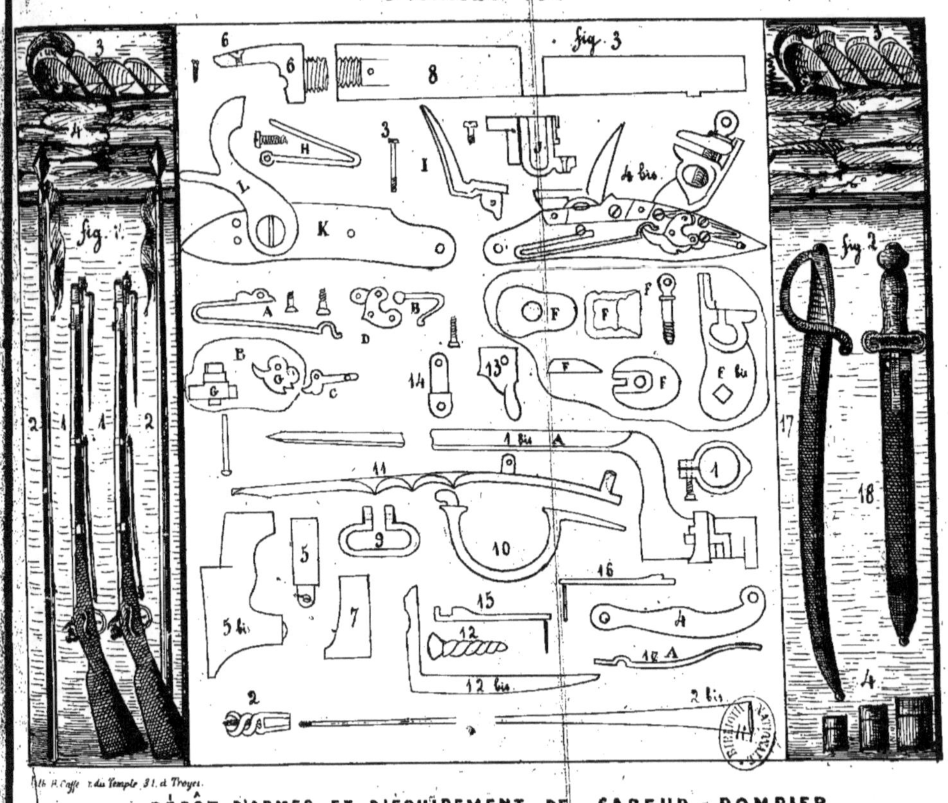

Planche 19.
fig. 3
fig. 1
fig. 2
DÉPÔT D'ARMES ET D'ÉQUIPEMENT DE SAPEUR - POMPIER.